华南早寒武世黑色岩系生物-热水-海水三元叠合成矿作用及其差异性研究

韩善楚 胡 凯 曹 剑等 著

科学出版社

北 京

内 容 简 介

本书主要围绕华南早寒武世黑色岩系矿床的成矿主控因素及其成矿差异性这一科学问题，选择该时期镍钼多金属和重晶石两个典型矿床，系统开展地质学、岩石矿物学、元素地球化学、有机地球化学、硫同位素地球化学综合研究，结合矿床地质特征讨论矿床成因，再进一步综合整理前人对磷、钒等矿床的研究成果，创新地提出三元（生物-热水-海水）叠合成矿作用。

本书可供地质相关专业研究生、地质工作者和科研人员参阅。

图书在版编目（CIP）数据

华南早寒武世黑色岩系生物-热水-海水三元叠合成矿作用及其差异性研究/韩善楚等著. —北京：科学出版社，2021.6

ISBN 978-7-03-069058-6

Ⅰ. ①华… Ⅱ. ①韩… Ⅲ. ①早寒武世–黑色岩系–成矿作用–研究–中国 Ⅳ. ①P571

中国版本图书馆 CIP 数据核字（2021）第 104698 号

责任编辑：周 丹 沈 旭 黄 梅/责任校对：杨聪敏
责任印制：张 伟/封面设计：许 瑞

科学出版社 出版
北京东黄城根北街 16 号
邮政编码：100717
http://www.sciencep.com
北京九州迅驰传媒文化有限公司 印刷
科学出版社发行 各地新华书店经销
*
2021 年 6 月第 一 版 开本：720×1000 1/16
2021 年 6 月第一次印刷 印张：9 3/4
字数：223 000
定价：99.00 元
（如有印装质量问题，我社负责调换）

作者名单

韩善楚　胡　凯　曹　剑　潘家永

夏　菲　李鸿福　周航兵　龚　刚

前　言

黑色岩系是指一套深灰色－黑色的岩石组合体系，主要包括硅质岩、碳酸盐岩、泥质岩（含沉凝灰岩）及其变质岩石等，典型特征是有机碳含量较高（$C_{org} \geqslant 1.0\%$），并富含硫化物（以铁硫化物为主），为地壳中广泛分布的还原性沉积岩石，是一种在缺氧或贫氧的底层水环境中形成的，具有独特沉积学、古生态学和地球化学特征的黑色细粒岩系（Tyson，1987；范德廉等，1987，2004；Steiner et al.，2001；Xu et al.，2013）。它是地质历史发展过程中具重现性的时限沉积相，是地球演化过程中特定地质环境（缺氧环境）的产物，是岩石圈、水圈、大气圈和生物圈变化和相互作用的结果，也是开放的地球复杂动力系统演化的标志与体现（范德廉等，2004）。一般黑色岩系的分布，因其层位相对稳定，长期以来被认为是缺氧沉积环境的证据，并被作为全球缺氧事件的标志（Wright et al.，1987；Wignall and Twitchett，1996；Isozaki，1997）。

同时，黑色岩系中往往富集多种元素，因此其还具有重要的经济价值和矿床研究意义。目前，在黑色岩系中已发现有数十种多元素矿产，包括黑色金属矿产（锰、钒）、有色金属矿产（铜、铅、锌、镍、锡、钼、锑）、贵金属矿产（金、银、铂族元素）、分散元素矿产（硒、铊、镉、锗、碲）、放射性矿产（铀）及非金属矿产（磷、硫、重晶石、石煤）等，并在多个地区发育有大型、超大型矿床，一直为国内外学者研究的热点。Coveney 和 Pašava（2004）总结了世界上主要黑色岩系及其大型沉积矿床的分布，比较典型的有英格兰南部、荷兰、德国以及中欧诸国上二叠统 Kupferschifer 层中的 Cu-Ag 矿床（毛景文等，2001），罗马尼亚 Carpathian 地区寒武系至奥陶系的锰矿床（Munteanu et al.，2004），芬兰 Kainuu-Outokumpu 地区元古界的 Cu-Zn-Ni-Co 等矿床（Airo and Loukola-Ruskeeniemi，2004），俄罗斯西伯利亚南部干谷地区前寒武系的 Au 矿床（王琳，2001），加拿大 Yukon 地区上泥盆统中的 Ni-Mo-PGE（铂系元素）多金属矿床与 Sullivan 地区元古界的 Pb-Zn-Ag 矿床（Taylor，2004），以及我国广西大厂、湘中锡矿山等地上泥盆统黑色岩系中的超大型锡多金属及锑矿床，广西下雷泥盆系黑色岩系中的超大型锰矿床，云南临沧盆地新近系黑色岩系中的超大型锗矿床等。

我国黑色岩系广泛分布于各地质时代，发育有多种矿床。范德廉等（2004）

总结出我国至少有 25 种有用元素的富集与黑色岩系有关,并划分出五类黑色岩系型矿床:①沉积矿床,②沉积-成岩矿床,③沉积-改造矿床,④沉积-变质矿床,⑤表生淋积矿床;成矿时代主要为中元古代、新元古代(尤其是震旦纪—寒武纪过渡期)、晚古生代(以泥盆纪和二叠纪为主)及中—新生代等。

尤其值得注意的是,早寒武世黑色岩系在中国华南地区广泛出露,延伸长达 1600 km,典型富集有 V、Mo、Ni、U、REE(稀土元素)、PGE、Se 等元素(罗泰义等,2003,2005;Jiang et al., 2007)。该层位已发现的重要矿床包括新晃—贡溪—天柱超大型重晶石矿床,湘西北 Ni-Mo-PGE 矿化带,遵义 Ni-Mo-PGE 矿化带,织金 P、REE 矿,湘鄂川贵地区大型—超大型"扬子型"铅锌矿床,大型超大型钒(铀)矿床、石煤矿床等(Fan et al., 1984; Coveney and Chen, 1991; Coveney et al., 1992; Mao et al., 2002; 罗泰义等,2003; 范德廉等,2004; Jiang et al., 2007; Pašava et al., 2008; 朱建明等,2008),显示出巨大的经济价值,吸引国内外众多学者开展了持续不断的深入研究。

然而,对于这套黑色岩系中为何赋存有如此众多的矿床,黑色岩系矿床的形成受哪些成矿作用的影响,这类矿床成矿的主控因素及其成矿差异性如何,目前仍存有争议。因此,本书以华南早寒武世黑色岩系中的两个典型矿床(湖南三岔镍钼多金属矿床和贵州天柱大河边重晶石矿床)为例,系统开展了岩石矿物学、元素地球化学、有机地球化学、硫同位素地球化学等综合研究,结合矿床地质特征,讨论矿床成因,再进一步综合整理前人对磷、钒等矿床的研究,完成黑色岩系矿床成矿差异性研究。创新地提出成矿的三元(生物-热水-海水)叠合成矿作用,这不仅在前人工作基础之上进一步明确揭示了生物的成矿作用,而且将其有机地与热水、海水成矿作用耦合在一起,而不是前人认为的非此(海水)即彼(热水)。此外,还分析了整个华南区域大尺度上成矿作用的差异性取决于这一三元成矿作用在不同构造与岩相古地理背景下的差异。

本书共分 5 章,主要内容分别如下:

第 1 章为华南早寒武世黑色岩系及其矿床概述,介绍黑色岩系研究现状、华南早寒武世黑色岩系矿床分布、研究现状及存在问题。

第 2 章为区域地质背景与矿床地质特征,主要从构造、地层和区域岩浆活动等方面阐述区域地质背景,并对湖南张家界三岔镍钼多金属矿床和贵州天柱大河边重晶石矿床从矿区构造、地层、矿体特征、矿石类型与组构等方面进行综合分析。

第 3 章为湖南三岔镍钼多金属矿床成矿作用,主要从岩石矿物学、元素地球化学、有机地球化学和硫同位素地球化学方面对矿床的成矿环境、成矿元素来源和生物有机成矿作用进行分析研究，并建立三岔镍钼多金属矿床的成矿模式。

第 4 章为贵州天柱大河边重晶石矿床成矿作用，主要从岩石矿物学、元素地球化学、有机地球化学和硫同位素地球化学方面对矿床的成矿环境、成矿元素来源和生物有机成矿作用进行分析研究，并建立大河边重晶石矿床的成矿模式。

第 5 章为华南早寒武世黑色岩系型矿床成矿作用差异与生物-热水-海水三元叠合成矿模式，主要从含矿岩系、矿石矿物组成、元素地球化学、有机地球化学等方面对华南早寒武世黑色岩系型镍钼、重晶石、磷、钒矿床的成矿作用进行对比研究。同时，对镍、钼、钡、磷、钒矿床的岩相古地理和成矿古环境进行分析，探讨不同矿床的成矿元素来源、生物有机质成矿差异及成矿年代，进而提出黑色岩系型矿床的三元叠合成矿[海水-热水（液）-生物]成因模式，该模式对整个华南早寒武世的黑色岩系型矿床可能都具有一定普适意义。

本项研究是在国家自然科学基金、南京大学内生金属矿床成矿机制研究国家重点实验室自主基金、东华理工大学核资源与环境国家重点实验室自主基金、中国博士后科学基金等项目资助下进行的。在研究及书稿撰写过程中，作者得到了南京大学地球科学与工程学院、东华理工大学核资源与环境国家重点实验室与地球科学学院等单位及老师的大力支持与热情帮助，书中参考和引用了大量前人的研究资料，在此一并致以诚挚的感谢。

由于作者水平有限，不足之处恳请读者批评指正。

作　者

2020 年 12 月

目　　录

第1章 华南早寒武世黑色岩系及其矿床概述

1.1 黑色岩系特征及其研究现状

黑色岩系是指一套深灰色－黑色的包括硅质岩、碳酸盐岩、泥质岩（含沉凝灰岩）及其变质岩石等在内的岩石组合体系，其典型特征是有机碳含量较高（$C_{org} \geqslant$ 1.0%），并富含硫化物（以铁硫化物为主）（Tyson, 1987；范德廉等, 1987, 2004；Steiner et al., 2001；Xu et al., 2013）。黑色岩系在全球分布广泛，具有重要的沉积学与古生态学意义，反映了特定的沉积环境，长期以来被认为是缺氧沉积环境的证据，并被视为全球缺氧事件的标志（Wright et al., 1987；Wignall and Twitchett, 1996；Isozaki, 1997）。

对于黑色岩系的研究最早是从黑色页岩开始的，早在1904年，Clarke（1904）提出早古生代的黑色页岩相模式与现今黑海相似，代表一种深水滞留盆地沉积。Strom（1939）认为深水滞留的富含有机质的软泥是缺氧状态下沉积形成的。Schlanger和Jenkyns（1976）提出"大洋缺氧事件"，用以解释深海钻探中发现的白垩纪沉积物的异常富集层——"黑色页岩"的成因，这引起了众多学者对大洋缺氧事件的研究，以了解它在地层与地理上的分布，并探讨其原因（Jenkyns, 1985；Arthur et al., 1987）。Wilde等（1989）认为缺氧环境的形成与强烈的海底扩张和火山作用有关，活动大洋中脊的上升环流系统对形成热的缺氧流体具有重要意义，最大的缺氧效应发生于有强烈活动和扩张的洋中脊造海时期。

随着对黑色岩系和缺氧事件的不断研究，从开始的侏罗纪－白垩纪逐渐拓展到整个显生宙，早古生代大洋主要由缺氧条件控制，晚泥盆世转化为氧化条件，并持续至晚二叠世，自晚二叠世至早三叠世才重新恢复缺氧环境，而后氧化条件又再次出现于晚三叠世至侏罗纪大洋内（Kaiho, 1992；Wignall and Twitchett, 1996；Bratton et al., 1999；Kaiho et al., 1999），对黑色岩系的研究进入到新的阶段。

我国对黑色岩系的研究从20世纪60年代已开始。范德廉等（1973）对秦岭志留纪黑色岩系中的铀矿和湘西早寒武世的镍钼多金属元素富集层进行了研究，并将黑色岩系定义为黑色页岩-硅岩组合。王成善和张哨楠（1987）将缺氧事件作为黑色岩系的成因。刘宝珺等（1993）对早古生代黑色岩系层序地层学进行了研究，认为其代表一套海侵体系域沉积，并伴有凝缩段的磷块岩沉积。蒲心纯等（1993）对我国南方寒武纪黑色岩系进行了划分与对比，研究了沉积作用与沉积相、大地构造及沉积盆地关系、沉积盆地类型及演化、岩相古地理展布与主要矿产的关系及远景预测，并编制了 6 幅寒武系 1∶500 万岩相古地理图。姜月华等（1994）认为我国南方古生界至少发生了四次大规模的缺氧事件与相关的黑色岩系沉积。李有禹（1997）通过对湘西一带黑色硅质岩进行主量、微量和稀土元素分布特征的研究，认为硅质岩是一种典型的喷流岩，并构成湘西北镍钼多金属矿床的容矿岩系。吴朝东等（1999a）对湘西黑色岩系的沉积演化、有机岩石学、地球化学以及多种形态硫进行了系统研究，认为海底热液活动为黑色岩系提供了丰富的物质来源，生物、有机质对一些元素的吸收、络合作用是多种元素富集的主要原因。廖卫华（2001）详细地研究了中生代的缺氧事件，并分析了古生代生物集群灭绝事件。于炳松等（2003）研究了塔里木盆地早寒武世黑色页岩，认为其沉积作用发生于受陆源影响的陆棚环境，海相富有机质黑色页岩中有机质的保存主要受环境因素控制。杨剑等（2005）研究了黔北黑色岩系，认为黑色岩系形成于干燥气候的陆棚边缘浅海还原环境，是正常海水与岩浆热卤水混合沉积的产物。陈兰等（2006）对黔湘地区早寒武世黑色岩系研究后认为，其沉积环境为贫氧－缺氧还原环境，并划分出晚震旦世－早寒武世 3 个主要海平面升降旋回。杨兴莲等（2008）对黔东震旦系－下寒武统黑色岩系进行了稀土元素地球化学研究，认为这套黑色岩系总体沉积于缺氧和具热水注入的环境。游先军等（2009）对湘西北早寒武世黑色岩系地球化学特征进行研究后认为，成矿作用以热水作用为主，成矿环境不局限于浅海环境。李娟等（2013）通过对黔北地区下寒武统黑色页岩微量、稀土元素的研究，探讨了黑色页岩的沉积条件与源区构造背景。

总体而言，随着对黑色岩系研究的不断深入，黑色岩系所包括的类型也在不断丰富。Vine 和 Tourtelot（1969）认为黑色页岩是沉积于海相或盐湖相环境中的黑色细粒沉积岩，它由碎屑、化学及生物沉淀的矿物及有机物组成，其端元组分有黏土岩、粉砂岩、灰岩、白云岩、硫酸岩、燧石、磷块岩、煤等。Pettijohn（1975）认为黑色页岩是易剥裂的，富含有机碳（C_{org} 为 3 %～5 %）和硫化铁的纹层状岩石。我国学者范德廉等（2004）提出，黑色岩系是一套生物岩-化学岩-泥岩组合，其端元组分主要为黑色硅岩、碳酸盐岩、泥质岩及它们的变质产物。根据各种岩石的比例，又可将黑色岩系划分为 10 种岩类组合（图 1-1），各种岩类组合往往具有独特的岩石类型、岩性序列、结构构造、元素组合和含矿性。

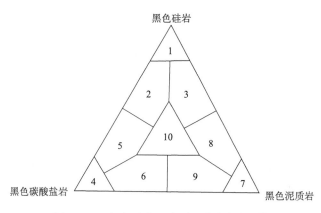

图 1-1　黑色岩系岩石类型及岩类组合图解

1. 黑色硅岩为主；2. 黑色碳酸盐岩-硅岩组合；3. 黑色泥质岩-硅岩组合；4. 黑色碳酸盐岩为主；5. 黑色硅岩-碳酸盐岩组合；6. 黑色泥质岩-碳酸盐岩组合；7. 黑色泥质岩为主；8. 黑色硅岩-泥质岩组合；9. 黑色碳酸盐岩-泥质岩组合；10. 黑色硅岩-碳酸盐岩-泥质岩组合

1.2　华南早寒武世黑色岩系矿床研究现状

我国华南扬子地台东南边缘，自早震旦世至寒武纪，广泛发育了一套黑色岩系，已发现有镍钼多金属、重晶石、磷、钒、铀以及锰矿床等赋存于其中（吴朝东等，1999a）。这些矿床矿层与围岩岩性一致，并均以富含有机质为典型特征，一直以来为地学界研究的热点。

1.2.1　Ni-Mo-PGE 多金属矿床

在我国华南早寒武世发育有一套黑色岩系，在这套黑色岩系的底部有 Ni、Mo、V、Pd、Pt、Au、Ag、Hg、Sb 等多金属富集层（范德廉等，1973；Murowchick et al.，1994；Lott et al.，1999；罗泰义等，2003），并在部分矿点富集成镍钼多金属矿床，如湖南张家界三岔和贵州遵义黄家湾（曾明果，1998；毛景文等，2001）。前人对这套多元素富集层及其矿床开展了极其丰富的研究，主要包括以下几个方面：

（1）沉积环境研究（陈南生等，1982；李胜荣和高振敏，1995；吴朝东等，1999a；李任伟等，1999；杨剑等，2004；黄燕，2011）。前人根据该矿床中矿石及其围岩中富含有机质和大量黄铁矿，且呈线理或层状展布，结合一些元素地球化学特征，认为可能形成于滞留的浅水盆地还原环境中。

（2）成矿年代研究（Murowchick et al.，1992；Horan et al.，1994；毛景文等，

2001；李胜荣等，2002；Mao et al.，2002；Jiang et al.，2003）。前人主要对矿层中的矿石进行了 Re-Os 同位素测年，得出的 Re-Os 等时线年龄主要集中于（541±16）Ma，同时有些研究者对矿层底部的围岩进行了锆石定年，得出的锆石 U-Pb 年龄集中于（425±10）Ma 左右，由于测试方法与所选样品的差异，对这一矿床的成矿年代研究仍存在争议与不确定性，需进一步详细研究。

（3）成矿温度研究（Lott et al.,1999；王敏等，2004a；杨剑，2009）。前人主要对矿石中石英所含流体包裹体进行测温，得到所测流体包裹体均一温度为100～180℃，显示其受到热流体的影响，还有一些通过测试黑色岩系沥青反射率也显示受到热水的影响。

（4）成矿元素赋存形式研究（范德廉等，1973；鲍正襄等，2001；张光弟等，2002；潘家永等，2005；曾明果，2007；杨剑，2009；韩善楚等，2012）。前人研究发现镍的赋存形式较复杂，主要由针镍矿、辉砷镍矿、二硫镍矿、方硫镍矿等形式存在，而钼仅以碳硫钼矿的形式存在。

（5）元素地球化学特征及成矿元素来源和成因研究（范德廉等，1987；吴朝东等，1999a；黄怀勇等，2002；张光弟等，2002；曹双林等，2004；林丽等，2009；马莉燕等，2010；游先军，2010；黄燕，2011；韩善楚等，2012）。前人根据黑色岩系稀土配分模式中 Eu 的正异常、Ce 的负异常、岩石中 U/Th＞1、Co/Zn＜1 等，认为受到热液的影响。

虽然前人做了许多研究，但对其成因存在争论，主要存在以下 5 种：

（1）地外成因。认为这一多金属元素的富集主要是由于天体的撞击所形成（Fan et al.，1984；黄怀勇等，2002，2004），主要证据是黑色岩系中发现的 Ir 异常及 PGE 的分布特征，以及在湘西震旦—寒武系界线上发现有天体撞击事件的痕迹。

（2）热水（液）成因。认为这些金属元素的超常富集与海底热水（液）沉积成矿作用有关，部分金属元素可能由海底热水（液）提供（车勤建，1995；丁佑良和李有禹，1997；李有禹，1997；胡清洁，1997；彭军等，1999a；吴朝东等，1999b；Lott et al.，1999；Steiner et al.，2001；曹双林等，2004；Jiang et al.，2006，2007，2009；杨兴莲等，2008）。

（3）海水成因（Mao et al.，2002；Lehmann et al.，2007；Wille et al.，2008）。认为这些金属元素的超常富集是于还原环境中，在沉积速率极低的条件下直接从海水中沉淀而来的。

（4）火山碎屑成因。认为深部岩浆房经火山爆发带出成矿物质，后经机械富集成矿，主要证据为矿层处的元素组合特征以及黑色岩系底部 Se 元素的超常富集，在基底存在一套复杂的碱性—超基性岩浆演化体系（罗泰义等，2003，2005）。

（5）多种成因复合而成。认为成矿元素具有多种复杂成因，可能来自热液汲取基底地层中的成矿元素、海水中碎屑物质的沉积、生物及其有机质对元素的富集等（Coveney et al., 1992；Orberger et al., 2007；Křibek et al., 2007；Pašava et al., 2008）。

1.2.2　重晶石矿床

扬子地台东南缘早寒武世黑色岩系中还赋存有重晶石矿床，该类矿床以储量巨大、层位稳定、富含有机质为特点，仅贵州天柱大河边—大公塘矿区的地质储量就达到 2 亿 t 以上，属于特大型重晶石矿床（杨瑞东等，2007a），对其的研究一直为地学界的热点。

前人对该类矿床开展了丰富的岩石学、矿物学、地球化学等方面的研究，取得了许多成果。余洪云（1988）对天柱大河边重晶石矿床进行了稀土元素、硫同位素研究，提出成矿物质来自基底层，硫来自海水，成因为海相化学沉积。Wang 和 Li（1991）对早寒武世的重晶石和毒重石矿床进行研究后，认为生物硫酸盐还原菌的作用造成了重晶石极富 ^{34}S，提出海底喷流与热泉成因。王忠诚和储雪蕾（1993）及王忠诚等（1993）研究了重晶石矿床的锶、硫同位素，认为锶主要来自热水输入，高 ^{34}S 特征显示出硫酸盐受到强烈的生物分馏作用。胡清洁（1997）阐述了重晶石岩的组构特征，划分出 5 类重晶石岩，并对重晶石岩的组构特征与沉积成岩作用的成因联系进行了探讨。高怀忠（1998）根据矿床的地质特征，依据生物化学沉积成因的认识，提出了矿床的生物化学沉积成矿。彭军等（1999a）通过对矿床元素地球化学与硫同位素进行研究，讨论了矿床成矿环境与成矿物质来源，提出矿床为典型的热水化学沉积型矿床。吴朝东等（1999b）综合分析了重晶石矿床的沉积学和地球化学特征，认为钡来源于热液喷气作用，硫来源于海水，生物的发育为钡的转化和富集提供了条件，使重晶石富集 ^{34}S。方维萱等（2002）从矿物岩石学、地球化学和沉积盆地角度，研究了与矿床共生岩石的地球化学特征与地质构造背景，认为重晶石矿层由海底低温热水同生沉积作用形成。夏菲等（2004，2005a，2005b）通过对矿床进行矿物学研究，发现了热水成因指示矿物钡冰长石，对铅、锶同位素的分析进一步证明了矿床的热水沉积成因。杨瑞东等（2007a）通过对矿床进行系统的野外地质调查，发现了矿床中包含有大量海底热水（液）喷流沉积形成的构造，并发现大量热水沉积中存在特殊的热水生物群落（杨瑞东等，2007b)，进一步证实了矿床形成过程中的热水喷流作用。吴卫芳等（2009）研究了重晶石矿床的硫同位素，认为硫来源于海水，矿床形成于封闭-半封闭的台地潟湖环境。杨义录（2010）对湘黔边境重晶石矿床进行了研究，重点论述了贡溪—坪地向斜重晶石矿床形成的地质背景，并提出了热水沉积成因的成矿模式。孙泽航等（2015）对湘黔新晃—天柱地区的早寒武世重晶石矿床的微量稀土元素和硫同位素进行了研究，认为重晶石成矿于海底缺氧、热液活动频繁、封闭-半封闭的台地潟湖环境，成矿过程受到了较强的海底热液物质的影响，表明钡可能主要来自海底热液喷流物质。王富良等（2020）对比了含矿较差的云洞重晶石矿床与高品位的大河边重晶石矿床的含矿岩系、沉积相、地球化学特征等，认为矿床中 SO_4^{2-} 来源于海水硫酸盐，Ba^{2+} 来自海水和海底热液，大河边地区与云洞地区相比，水位更浅，氧逸度更高，硫酸盐还原程度更弱，剩余硫酸盐的浓度更高，从而导致大河边重晶石矿床表现出较云洞重晶石矿床成矿性好的特征。

通过上述总结可以发现，对于重晶石矿床的成因存在争议，主要有以下几种：

（1）陆源化学沉积成因（褚有龙，1989）。认为 Ba 来源于大陆风化的岩石。基岩风化过程中含 Ba 硅酸盐及磷酸盐矿物的分解，Ba 呈真溶液或被硅质胶体吸附，由河流搬运至浅海，溶解的或从胶体中解离出来的 Ba^{2+} 在适当的成矿条件下与 SO_4^{2-} 结合沉淀成矿。

（2）生物化学沉积成因（高怀忠，1998）。认为现代海岸上升流系统具有较高的生物产率（Jewell and Stallard, 1991；Jewell, 2000），富营养的冷海水运移至大陆架之上促进了生物的生长，同时生物机体死亡沉淀，使海水，特别是受限制海盆海水呈缺氧的还原环境，进而生物产率较高，Ba 离子的富集与生物活动及高的生物产率有关（Dymond et al., 1992），而浮游类生物及原生生物对重晶石的沉淀具有重要作用（Hanor, 2000）。

（3）海底热水成因（胡清洁，1997；彭军等，1999a；吴朝东等，1999b；方维萱等，2002；夏菲等，2004，2005a，2005b；Yang et al., 2008，孙泽航等，2015）。认为海水在热的岩浆影响下与玄武岩及基底沉积物发生反应，转变成富钡的热液流体（Poole, 1988），沿着断裂运移，在海底发生喷流，钡与海水中的硫酸盐结合形成重晶石矿床（Lydon et al., 1985；Poole, 1988；Clark et al., 1991, 2004）。

1.2.3　磷矿床

我国沉积型磷矿床资源主要分布在扬子地台东南缘与西缘、华北地块南缘和西缘，其中华南五省，包括云南、贵州、湖北、四川、湖南，就占全国累计探明资源储量的 74 %（夏学惠等，2011）。沉积磷矿主要赋存在震旦系陡山沱组、下寒武统梅树村阶、古元古界上部滹沱群和古元古界顶部榆树砬子组等含磷岩系中。其中，早寒武世梅树村期是我国和世界主要成磷期之一，梅树村阶磷矿主要分布于滇东、川中南、黔西北、陕南、湘北、湘西等地的沉积型磷块岩中，前人对该套沉积型磷块岩的研究取得了丰富成果（王砚耕和朱士兴，1984；叶连俊等，1989；杨杰东等，1992；储雪蕾等，1995；杨卫东等，1997；吴朝东和陈其英，1999；吴祥和等，1999；刘家仁，1999；张杰和陈代良，2000；张杰等，2003；东野脉兴等，1992；东野脉兴，2001；陈多福等，2002；张彦斌等，2007；毛铁等，2015；张岳等，2016）。

目前对磷矿床的成矿物质来源和成矿机制有多种不同看法，关于这类矿床成因，早期主要有以下三种：

（1）热点与火山活动成因。认为海底火山喷发作用或者深源热点提供成矿物质，并经生物或机械改造成矿（张俊明等，1997；杨卫东等，1997）。

（2）陆源碎屑成因。认为上升洋流的作用，带入营养物质，因富营养物质的缺氧水体覆盖大陆架而形成（吴祥和等，1999）。

（3）生物-化学与热水沉积混合成因。认为海底热泉与海水共同提供成矿物质——磷，在缺氧还原的环境条件下，有机质为磷的聚集和转化提供了条件，而有机质主要来源于藻菌类生物（张杰和陈代良，2000；张杰等，2003，2004；吴朝东和陈其英，1999；张彦斌等，2007）。

1.2.4　钒矿床

我国华南早寒武世黑色岩系中还富集有钒矿床，相比其他地区相同（近）层位富集的重晶石矿床与镍钼多金属矿床，其研究较少。张爱云等（1982，1987，1989）对下寒武统含钒黑色岩系的物质成分和钒的赋存状态及配分进行了研究，其中有机显微组分来源于被囊动物化石尾海鞘的"房"鞘——被囊，显示出了生物有机质的作用。龙洪波等（1994）对樟村—郑坊黑色岩系钒矿床进行了研究，发现了钡冰长石岩，认为矿床属于热水沉积成因。鲍正襄等（2002）对湘西北早寒武世黑色岩系中的钒矿床进行了研究，认为矿床具有热水沉积与微生物成矿的双重特征，矿床成因属生物化学矿床范畴。叶少贞和孔凡兵（2006）研究了江西修水—武宁地区早寒武世的黑色岩系型钒矿，认为该矿床属于沉积矿床。罗卫和戴塔根（2007）对湘西北早寒武世黑色岩系中的镍-钼-钒矿床进行了研究，认为有机质在矿床形成过程中起到了重要作用。陈家林等（2010）对鄂西地区牛蹄塘

组钼钒矿床进行了研究，认为钒矿的形成与生物化学作用密切相关。胡能勇等
（2010）对湘西北早寒武世黑色岩系中的沉积型钒矿进行了成矿研究，认为钒在生
物有机质中优先被结合，由于沉积环境的改变导致成矿作用的发生，该矿床属于
化学和生物地球化学沉积型钒矿。谭满堂等（2013）对鄂西白果园银钒矿进行了
地球化学研究，认为黑色岩系沉积环境处于大陆边缘，物源主要为陆源，有轻微
的海相热水沉积参与，为较典型的低温热水沉积成岩成矿的黑色页岩型矿床。陈
明辉等（2014）对湘西北岩头寨钒矿进行了矿床地质特征研究，认为钒在沉积和
成岩过程中都离不开生物地球化学作用，属于化学和生物地球化学沉积矿床。

可见，目前关于黑色岩系型钒矿床的成因主要有以下几种：

（1）热水喷流沉积成因，认为成矿物质主要来源于深部热水（侯俊富，2008；
朱红周等，2010）。

（2）沉积成因，认为矿床属于沉积成因（叶少贞和孔凡兵，2006；胡能勇等，
2010）。

（3）多因复合成因，即具有多种物质来源，可能包括陆源、海洋生物、深海
热水等（鲍正襄等，2002；范德廉等，2004；杨瑞东等，2005；杨兴莲等，2008；
谭满堂等，2013；陈明辉等，2014）。

1.3　存 在 问 题

通过以上分析可见，华南早寒武世黑色岩系富集有多种元素，并在多处聚集
形成了矿床，包括镍钼多金属、重晶石、磷、钒、铀及锰矿床等。因此，关于黑
色岩系及其成矿作用，一直是广大学者关注的热点。如前所述，相关研究已经取
得许多成果，但仍有诸多科学问题亟待解决。

（1）成矿的构造背景和主控因素不清。不同的黑色岩系型矿床所处的大地构
造背景有差异，且各个矿床受到的成矿作用类型多样。对于不同矿床的形成是受
到大地背景的影响，还是受到成矿作用的控制，或者谁占主导地位，目前仍没有
统一而清晰的认识。因此，这类矿床的成因一直存有争议。

（2）成矿年代难于精细界定。沉积型矿床的成矿时代不如岩浆岩、变质岩类
矿床容易获得，虽然生物地层学具有一定的界定意义，但没有同位素年代学精确。
如何准确获取黑色岩系型矿床的成矿时代，对于研究黑色岩系型矿床的成矿作用，
以及与全球同时期的地质作用相互对比，具有重要意义。

（3）成矿的差异性对比研究少。目前的研究工作多数侧重于对单一矿床的研

究，缺少相互之间的系统对比，多种元素如镍、钼、钡、磷、钒、铀等在矿床中的地球化学行为是否有差异还有待研究。

（4）生物有机成矿作用研究弱。黑色岩系型矿床赋存的黑色岩系富有机质，说明生物有机质与成矿具有一定关系，但具体的关系和生物有机质对矿床的形成是否具有促进作用等，尚不明确，需要研究。

（5）成矿作用的原位精细研究有待深化。黑色岩系型矿床成因复杂，往往存在多期成矿作用，因而在对矿床进行研究时，只有对单一成矿作用形成的产物进行精细研究，才能获得准确指示意义。而常规对岩石进行微量、稀土元素研究，或者对受后期改造硫化物进行硫同位素分析时，往往得到一种混合结果，使其应用受到一定限制，甚至达不到研究效果。因此，更精细的研究，如原位的元素地球化学和同位素的分析等有待加强。

（6）成矿规律需要总结。如何总结黑色岩型矿床的成矿规律与成矿作用，以便更有效地指导生产实践，目前尚无比较全面系统的认识，需要在今后的工作中加强。

基于上述科学问题，本书以华南早寒武世黑色岩系中镍钼多金属矿床、重晶石矿床为主要研究对象，开展黑色岩系成矿作用的差异性对比研究，总结成矿规律，建立具有普适性意义的成矿模式。

1.4　研究内容与技术路线

1.4.1　研究内容

针对上述我国华南黑色岩系型矿床研究中存在的若干科学问题，本次研究凝练出以"差异性多元叠合成矿作用"为核心科学问题，选择两个典型黑色岩系型矿床进行系统的精细研究，包括湖南三岔镍钼多金属矿床与贵州天柱大河边重晶石矿床；在此基础上，全面系统对比分析整个区域上的成矿差异性，着力开展以下 5 个方面的研究。

（1）区域地质与矿床地质特征研究：系统收集研究区成矿地质资料，从岩相古地理、地层、构造、岩浆活动等多方面入手，查明黑色岩系及其矿床基本特征。

（2）岩石矿物学研究：在野外地质考察的基础上，对采集的样品进一步应用矿相显微镜、电子探针及扫描电镜等技术手段，分析鉴定黑色岩系各岩石类型的矿物成分、形态特征，并对矿层与围岩矿物组成、形态特征进行对比，探讨它们的成因类型及控制因素。

（3）元素地球化学、硫同位素地球化学研究：对矿床矿石与围岩进行系统的微量与稀土地球化学分析、硫同位素分析，对比围岩与矿层成矿环境的差异性，进一步确定成矿物质的来源和成岩成矿环境。

（4）有机地球化学研究：确定黑色岩系有机质丰度、成熟度、生物标志化合物特征及碳氧同位素等，研究黑色岩系及其矿床形成的古环境和生物有机成矿作用等。

（5）综合对比分析研究：将镍钼多金属矿床、重晶石矿床的研究成果，与前人所研究的磷、钒等矿床矿物学、元素地球化学、有机地球化学特征进行对比，对矿床间成矿环境与成矿作用的差异性进行研究，进一步探讨黑色岩系型矿床的成矿作用、成矿模式等。

为更好地对某一矿床的研究成果进行讨论和展示，同时也使本书的结构更为简洁，将镍钼多金属矿床与重晶石矿床的室内观察、分析测试结果及其讨论，按矿床各列一章，进而在完成单一矿床研究的基础之上，再对不同黑色岩系型矿床进行差异性对比研究。

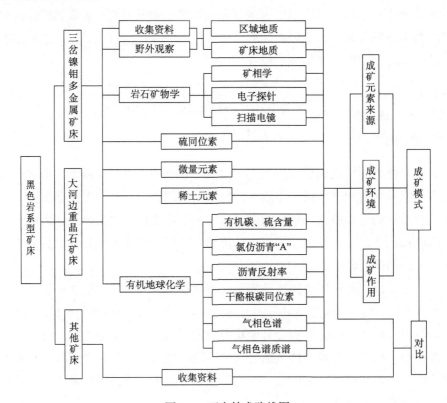

图 1-2　研究技术路线图

1.4.2　研究思路与技术路线

如前所述，本书选择了两个典型黑色岩系型矿床进行重点研究，以野外踏勘采样为基础，对黑色岩系及其矿床进行系统而精细的矿物学、元素地球化学、硫同位素地球化学、有机地球化学研究，查明了镍钼多金属与重晶石矿床的成矿环境与成矿作用，建立了成矿模式。在此基础上，结合前人所做工作，探讨了各黑色岩系及其矿床的成矿环境与成矿作用的差异性和受控因素，最终建立具有普适意义的华南早寒武世黑色岩系型矿床成矿模式（图 1-2）。

第 2 章　区域地质背景与矿床地质特征

2.1　区域地质背景

2.1.1　大地构造

华南早寒武世黑色岩系主要分布于扬子地台东南缘。扬子地台基底岩系是由变质较深的太古界－古元古界和浅变质的中、新元古界组成，地台基底的形成经历了较复杂的演化过程。吕梁运动后，扬子地台古构造格局以地台西部微型陆块为核心，四周分布着边缘海和岛弧。经四堡运动后，扬子地台在古地理、古构造格局上发生了重大变革，围绕川中微型陆块外侧的地槽活动带大都消失或大为缩小，陆块和古岛连成一片。晋宁运动使板溪群及其相当的岩系普遍遭受褶皱和轻微的区域变质，并且伴随有广泛的中酸性岩浆侵入活动（蒲心纯，1987；杨森楠和杨巍然，2004）。

早震旦世，扬子地台上曾广泛地发生了一次重要的抬升运动，出现较普遍的寒冷气候，冰期期间，地台上形成广泛的冰碛层，在地台中西部出现了大陆冰盖。因冰川运动和消融，在鄂西北、黔东北、黔东南及滇东等大陆冰盖前缘地区，堆积了很厚的块状冰砾岩，属于陆地冰川相。晚震旦世，地壳运动的差异性减弱，地势低平，海侵广泛，形成了广布的陆表浅海。湘中、赣北、皖南、浙西地区，作为扬子地台与华南造山带之间的过渡带，代表了非补偿海盆较深水静水相沉积。

自寒武纪、奥陶纪至志留纪，扬子地台形成了一个完整的沉积旋回。从湘中经赣北、皖南到浙西，仍处于扬子地台与华南造山带之间的过渡地带。下寒武统一般为黑色碳质、硅质页岩，普遍夹石煤层，富含钒、钴、镍、钛等多种元素。中、上寒武统泥灰质沉积中的底栖三叶虫几乎绝迹，以浮游型化石为主。奥陶系多为笔石页岩和碳质、硅质页岩。下志留统常出现较深水的砂泥质沉积，并且有类复理石韵律结构。中、上志留统则从浅海变为陆相泥砂质沉积，厚度很大，可达 6000～7000 m。志留纪末的广西运动使扬子地台整体抬升，形成泥盆系与志留系之间普遍的平行不整合，研究区沉积表现为稳定的陆表海。

扬子地台经历了从震旦纪到中三叠世的稳定发展阶段之后，自晚三叠世起，构造运动频繁发生，使地台沉积盖层普遍发生变形，原有的构造格局受到不同程度的改造，岩浆活动大规模出现。自侏罗纪开始，湘黔地区中、新生代都为陆相沉积，在晚侏罗世—早白垩世期间，出现频繁而强烈的地壳运动，形成许多断陷盆地，发育河湖相碎屑岩，同时还发育有大规模的中、酸性火山喷发（蒲心纯，1987）。

2.1.2　地层

依据古生物类群、沉积类型，并从板块演化的角度考虑古地理格局、地质发展史，蒲心纯等（1993）将中国南方寒武系分为大扬子和华夏两大沉积区，以及若干下属的区和分区（表 2-1）。本次研究的张家界三岔剖面、天柱大河边剖面均属于大扬子沉积区，处于扬子、过渡和江南三个一级沉积分区，地层横向变化明显，沉积类型较多，赋存有丰富的煤、磷、铝、锰和大理石等沉积矿产。大扬子沉积区地层分布广泛，自中元古界至第四系均有出露。中、新元古代以海相碎屑沉积为主，古生代至晚三叠世中期则是海相碳酸盐沉积占优势，晚三叠世晚期以后则全为陆相碎屑沉积。

表 2-1　中国南方寒武纪地层区划表

沉积区	一级沉积分区	二级沉积分区		三级沉积分区
大扬子沉积区	秦岭区	中秦岭分区		北部小区（淅川小区），南部小区（均县小区）
		南秦岭分区		平利—紫阳小区，京山小区
	扬子区	昆明—峨眉分区（扬子西区）		滇东小区，永善—会理小区，峨眉小区，龙门小区，盐源—华坪小区，米仓山小区（南江—宁强小区）
		扬子中区	川黔鄂分区	遵义—贵阳小区，长宁—镇雄小区，沿河—翁安小区，酉阳—秀山小区，恩施—咸丰小区，城口—巫溪小区，宜昌—神农架小区，荆山—大洪山小区，余庆小区
			滇东南—桂西分区	滇东南小区（蒙自—富林小区），桂西小区（隆林小区）
		扬子东区	江口—石门分区	江口—都匀小区，石门小区
			下扬子分区	洪湖—咸宁小区，南京—句容小区
			滁县—全椒分区	滁县小区（动物群属混合型）
	过渡区（扬子—江南过渡区）	湘西、黔东—皖南分区		凯里—台江小区，崇阳—通山小区，玉屏—凤凰小区，桃源—慈利小区，青阳—泾县小区
		三都—靖西分区		三都小区，靖西小区
	江南区	湘中—浙西分区		雪峰山小区，武宁小区，江山—常山小区，宁国小区，沪杭小区（就动物群性质而言，属过渡型，更靠近扬子）
		融安—祁东分区		涟源—双峰小区，新宁—祁东小区，融安—临桂小区
华夏沉积区	华夏区（东南区）	崇义—梧州分区		崇义小区，邵武小区，桂阳—常宁小区，大新—贺县小区
		长汀—台山分区		长汀—龙岩小区，台山—惠阳小区
		海南—台湾分区		湖南小区（混合型动物群）

1. 前寒武系

1）梵净山群

梵净山群为研究区出露最古老的地层，对应湖南地区的冷家溪群，为一套浅灰、浅灰绿色为主的浅变质细粒碎屑岩、黏土岩及含凝灰质细粒碎屑岩组成的复理石建造。底部夹白云岩、灰岩等钙质团块，顶部多砂岩。局部夹基性、中酸性熔岩。

2）板溪群

板溪群具有由浅变质砂砾岩或长石石英砂岩、砂岩、板岩及沉凝灰岩等组成的两个大的沉积旋回，局部夹基性至中酸性火山岩。区内地层有变化，自北而南的趋势为：颜色由以紫红色较多变为以灰绿色为主；碎屑颗粒由粗变细，泥质渐增；地层厚度由 300 m 增至 4000 m 以上；与下伏梵净山群接触关系由高角度不整合过渡为假整合甚至整合。

3）震旦系

地层从下至上分为南沱组（Z_1n）、陡山沱组（Z_2d）和灯影组（Z_2dy）。南沱组（Z_1n）主要为冰碛岩建造，由灰绿、褐灰色杂砂砾岩和灰白色透镜状含砾石英杂砂岩组成。陡山沱组（Z_2d）主要为薄层黏土岩、白云质黏土岩、微—细晶白云岩夹薄层或透镜状硅质岩及碳质黏土岩。灯影组（Z_2dy）主要为白云岩和黑色薄层—中层硅质岩组成，是震旦系分布最广的一个组。

2. 古生界

1）寒武系

下寒武统自下而上分为牛蹄塘组（C_1n）、明心寺组（C_1m）、金顶山组（C_1j）和清虚洞组（C_1q）。牛蹄塘组（C_1n）底部为含铀硅质磷块岩、含矿石结核的碳质泥页岩夹薄层硅质岩，中部为本次所研究的薄矿层，上部主要为页岩夹薄层白云岩。明心寺组（C_1m）分为三段，下段为粉砂质页岩、粉砂质泥岩、页岩夹泥灰岩团块；中段下部为泥质条带状灰岩夹少量页岩，中、上部则为粉砂质泥岩、泥质粉砂岩；上段为石英粉砂岩、石英砂岩及含砾石英砂岩。金顶山组（C_1j）主要为粉砂质页岩、粉砂质泥岩夹鲕状及豆状生物化石。清虚洞组（C_1q）以白云岩、灰岩夹砂岩、页岩为主。

中寒武统分为高台组（C_2g）、石冷水组（C_2s）。高台组（C_2g）为薄层砂质白云岩夹薄层条带状白云岩、泥质白云岩及厚层细粒白云岩。石冷水组（C_2s）

上段为灰色、浅灰色薄层夹页片状白云岩及中—厚层角砾状白云石；中段为灰、浅灰色薄层叶片状、蛋壳状白云岩，夹中厚—厚层细粒白云岩、角砾状白云岩；下段为灰—深灰色中厚—厚层微—细粒白云岩。

上寒武统为芙蓉统，分布广泛，主要为白云岩。

2）奥陶系

奥陶系主要由浅海台地相碳酸盐岩和碎屑岩组成，沉积物以碳酸盐岩为主。垂向上，下部灰岩结晶较粗，含白云质并夹页岩；中部为泥灰岩；上部厚度很小，为硅质、砂质页岩，含碳质。横向上，北部主要为碳酸盐岩，向南泥质成分增高，渐变为砂岩、板状页岩、黑色板状页岩与硅质岩等。

3）志留系

志留系发育不全，在研究区内有零星出露，其岩性主要为页岩、砂岩、细砂岩和生物灰岩等。

4）泥盆系

早泥盆世早期地层缺失，其余主要发育海相碳酸盐岩和碎屑岩，富含底栖动物层孔虫、腕足类、三叶虫和珊瑚等，以及浮游生物菊石、薄壳竹节石和介形虫等。

5）石炭系

石炭系出露完整，层序较为清楚，以碳酸盐岩为主，夹少量的黑色硅质岩。生物化石门类属种众多，以珊瑚类、腕足类、蜓类为主，并赋存多种沉积矿产。

6）二叠系

下统主要为碳酸盐岩，夹少量含煤层的砂岩、页岩及硅质岩，见有腕足类、双壳类等化石；上统则主要为碎屑岩和石灰岩，盛产蜓类、珊瑚和菊石等化石。

3. 中、新生界

1）三叠系

三叠系以海相沉积为主，下统以碳酸盐岩为主；中统以砂、泥岩为主；上统主要为陆相砂砾、泥质含煤沉积，偶见少量泥质灰岩。生物繁多，尤以菊石、双壳类数量最多，生物地层意义明显。

2）侏罗系

海陆相沉积均有发育，化石丰富。下统主要发育泥岩、泥质页岩、砂岩等，富含植物碎片；中统以厚层、块状细—中粒长石砂岩、长石岩屑砂岩、泥岩、粉砂岩为主，偶夹含植物碎片的透镜状、薄层状泥岩及粉砂岩；上统主要沉积细粒钙质长石石英砂岩、岩屑石英砂岩、砂岩、钙质泥岩和粉砂岩，偶夹沥青脉。

3）白垩系

白垩系主要为陆相沉积，下统主要为滨湖－浅湖相砂泥岩和山麓洪积-河流相砾岩、石英砂岩；上统岩性复杂，发育有滨湖浅湖相砂泥岩，滨湖三角洲相砂砾岩、砂岩，山麓相砾岩、砂岩，以及局部发育的盐湖相膏泥岩和火山岩。

4）古近系和新近系

主要为陆相沉积，发育有砂砾质泥岩、灰色砾岩，局部发育有碳酸盐岩及油页岩。

5）第四系

第四系主要有冰川、河流、湖泊等沉积类型，另外还有洞穴堆积、洪积、残坡积等，由松散碎屑、黏土层组成。

2.1.3　区域断裂

研究区属于相对活动的扬子陆棚海与江南边缘海过渡地带，受一系列北东、北北东向延伸的区域性深大断裂影响。区域断裂构造发育，以北东向为主，主要有北东向江南深大断裂（独山—凯里—新晃—常德段）、北东东向湘黔深断裂（镇远—芷江深断裂）及鄂湘黔断裂带，对区内沉积及成矿起到重要作用。

1. 江南深大断裂（独山—凯里—新晃—常德—岳阳—彭泽—南通）

江南深大断裂带，南西从贵州独山起，向北东经凯里、新晃、常德、岳阳、瑞昌、东至、南通向东入海。早古生代仍较为活动，从震旦纪初到早古生代末，断裂带发育形成了系列裂陷槽，并于早寒武世沉积形成了一套含碳泥硅质建造。下寒武统镍-钼富集层、重晶石矿床多沿该深大断裂附近平行展布，受该深大断裂相伴的凹陷部分控制。

2. 镇远—芷江深断裂

横跨湘黔边境的北东东向镇远—芷江深断裂，具拉张断裂特征，系震旦纪—早寒武世早期南方陆块发生陆内拉张作用形成。在该断裂两侧有偏碱性超基性岩体侵入，岩体的同位素年龄测定为503～497 Ma（毛景文等，2001），与震旦纪—寒武纪界线年龄相近，也与下寒武统镍钼矿床、重晶石矿床成矿年龄相接近。

3. 鄂湘黔断裂带

该断裂带沿桑植、铜仁、凯里、百色西一线分布，向北东 30°方向延伸，往北东通过丹江－鹤峰断裂与太行山东麓紫荆关断裂相连。属隐伏断裂性质，在湘黔地段与早古生代的沉积关系密切。华南早寒武世生物地理分区的扬子型与过渡型分界线与该断裂吻合。

4. 花垣—大庸—慈利断裂带

该断裂带出露于武陵山早期华夏系褶皱带的北翼，是由一系列断裂组成的复合性断裂带，它们大致相互平行，首尾相接，断裂走向 70°左右。该断裂带还是湖南省内一个重要的热流值高异常区和新构造活动带，是一条具长期活动性的断裂。

2.1.4 岩浆活动

湘黔地区岩浆活动时间漫长，从中元古代晚期－中生代均有岩浆活动，包括武陵期、雪峰期、加里东期、海西期、印支期、燕山期等各个阶段不同性质的岩浆活动，但在各地活动程度与表现形势有所差异。研究区出露的有元古宙武陵期基性超基性岩类、震旦纪雪峰期花岗岩类及加里东期金伯利岩和偏碱性超基性岩类，其中加里东期偏碱性超基性侵入岩的活动，对黑色岩系中多元素的富集起着重要影响。

早古生代加里东期偏碱性超基性侵入岩体主要沿镇远－芷江深断裂分布，为钾镁煌斑岩类，以岩墙形式侵位于下、中寒武统白云岩与碳酸盐岩中，并发育有火山碎屑沉积物，呈凝灰岩或凝灰质页岩夹于黑色岩系，显示早寒武世火山活动的存在，在裂谷拉张和大陆解体过程中形成海底断陷盆地，并作为深部幔源热物质垂向上涌通道，带来了大量的钡、钒、镍、钼、金等多种成矿元素（刘宝珺等，1993）。

2.1.5 矿产分布

华南地区内金属、非金属矿产资源非常丰富，钡、钒、镍、钼、磷、铀、金等可形成独立矿床，贵金属铂及稀土元素可综合利用，在空间上形成了多个成矿带。

1. 重晶石成矿带

扬子地台东南缘重晶石成矿带北侧由西往东有贵州玉屏重晶石矿床、贵州天柱大河边—湖南新晃重晶石矿床、安徽东至石桥重晶石矿床、绩溪重晶石矿床等；南侧西起广西三江，东至江西上饶八都、浙江江山一带。成矿带呈北东东－南西西向带状展布，长达千余千米，宽十余千米。

2. 镍钼铂族多金属成矿带

黑色岩系中的多金属元素主要有钒、镍、钼组合和钒、铀、稀土组合。研究区内多金属成矿带呈北东向沿扬子地台东南缘展布，包括贵州翁安、铜仁和湖南新开塘、民乐、天门山等地。

3. 磷矿带

华南地区构造演化具多旋回和多阶段性，磷块岩的成矿时代较多，早寒武世梅树村期是我国最重要的成磷期之一，梅树村阶磷块岩为晚震旦世海退后又一次海侵背景下沉积形成的。华南地区梅树村期的沉积地层主要分布范围为南起云南华宁，北至陕西勉县、湖北神农架，西自四川西昌，东到湖南石门。

4. 湘黔金矿化区

湘西牛蹄塘组黑色碳质页岩含金性大大超过克拉克值；黔北遵义牛蹄塘组黑色碳质页岩含金量超过 0.5 ppm[①]；贵州织金下寒武统磷矿层之上的黑色碳质页岩含金量达 0.7 ppm；黔东南寒武系杨家湾组上部，在黑色碳质页岩中已发现数个金矿化点；湖南慈利一带下寒武统底部含镍钼硫化物的黑色页岩含金量为 0.4 ppm（刘宝珺等，1993）。

2.2 矿床地质

2.2.1 张家界三岔镍钼多金属矿床

扬子地台东南缘寒武系底部牛蹄塘组沉积有一套黑色岩系，岩性主要包括黑色页岩、硅质岩、灰绿色粉砂岩及粉砂质泥岩等。在地台过渡相（地台与深海相

---

① 1 ppm=1 μg/g。

间）的底部富集有一套 Ni-Mo 多金属富集层，总体呈 NE—SW 向展布，展布达一千六百多千米，横跨苏、皖、赣、鄂、湘、黔、桂等省，反映可能受 NE—SW 方向的深大断裂控制（Steiner et al., 2001）。目前已发现的 Ni-Mo 金属矿床主要分布于贵州遵义地区天鹅山－黄家湾矿带及湖南张家界地区的大坪－大浒矿带（潘家永等，2005）。本研究选取湖南张家界三岔镍钼多金属矿床作为典型实例进行研究。

1. 矿区地质

张家界三岔矿区位于扬子地台东南缘，上扬子台褶带与江南地轴的结合部位。北面以花垣－慈利深大断裂为界，南缘为新元古界板溪群中的 NEE 向四都坪－龙潭河断裂。区域构造主要为北东向古丈复背斜，轴部地层为元古界板溪群浅海相碎屑变质岩，北东向的花垣－慈利深大断裂通过本区，对区内的地层分布、成矿作用具有控制意义。沉积建造的分布明显受 NEE 向深大断裂控制。容矿的黑色岩系受 NEE—SWW 向古丈－慈利断陷盆地控制，与下寒武统沉积的黑色岩系展布方向一致（图 2-1）。区内岩浆活动微弱，仅在矿带西南侧的古丈龙鼻嘴一带，下震旦统江口组内夹有橄榄玄武岩、辉绿岩及橄榄辉石等，为弧后盆地火山活动的产物。湘西北黑色岩系中成矿带长达 180 km，宽 40 km，东北延伸到湖北省境内，西南进入贵州省（鲍振襄和陈放，1997；游先军等，2009；黄燕等，2011）。

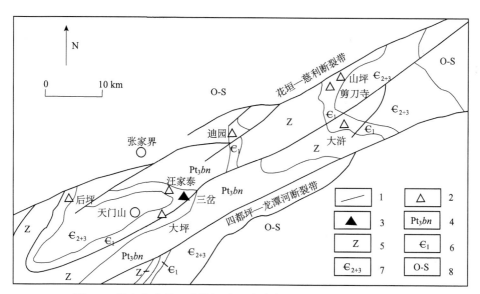

图 2-1　湖南张家界三岔镍钼矿区地质略图（据鲍正襄等，2001）

1. 断裂带；2. Ni-Mo 矿点；3. 本书采样的 Ni-Mo 矿点；4. 元古界板溪群；5. 震旦系；6. 下寒武统；
7. 中、上寒武统；8. 奥陶系－志留系

2. 矿区地层

张家界地区下寒武统地层自下而上分为牛蹄塘组、杷榔组和清虚洞组。镍钼多金属富集层赋存于牛蹄塘组黑色岩系底部，三岔镍钼多金属矿床含矿岩系自下而上为：上震旦统灯影组白云岩，下寒武统牛蹄塘组黑色磷块岩及含磷结核黑色页岩、镍钼矿层、白云质页岩、黑色条纹泥质硅岩（范德廉等，2004）。

（1）上震旦统灯影组白云岩，未见底。

（2）下寒武统牛蹄塘组磷块岩及硅质岩：下部一般为磷块岩，见有"微古植物"化石和海绵骨针等，厚 0.04～0.6 m，P_2O_5 含量为 21.46 %，稀土元素（R_2O_3）含量为 0.056 %；上部为含磷硅质岩、硅质岩间夹硅质结核层，厚度一般为 0.10～0.32 m，含大量黄铁矿。

（3）含磷结核层：主要为含磷结核的鳞片状碳质页岩，一般厚 0.05～0.20 m，部分结核具环带状构造。本层一般含有一定的 Ni、Mo 及 V。

（4）镍钼多金属层：主要由碳泥质、白云质、硅质以及铁矿、镍钼硫化物等胶结而成，形态及厚度变化较大。大部分呈单层覆盖于含磷结核层之上，厚 0～0.75 m，一般为 0.05～0.10 m，Ni、Mo、V_2O_5 的含量分别为 0.17 %～7.03 %、0.35 %～8.17 %、0.07 %～1.48 %。

（5）黑色页岩：主要以碳质页岩为主，其次为碳泥质白云质与含白云质碳质页岩，有机碳含量较高，厚度大于 3 m，Ni、Mo 含量均小于 0.05 %。

3. 矿体特征

镍钼层主要为透镜状、似层状、扁豆状、筒状等，一般呈单层或多层覆盖于磷块岩或含磷结核层之上，与下伏和上覆岩层呈连续过渡沉积关系，局部地段超覆于灯影组白云岩之上。矿层一般长 10～200 m，最长为 1500 m（如桃坪矿床似层状矿体），平均厚 0.24～1.23 m（鲍正襄等，2001）。

4. 矿石类型与组构

矿床含镍钼矿石种类较多，反映其成因复杂，根据其结构、构造特征可初步划分出四类。

（1）角砾（竹叶）状矿石，为三岔镍钼矿床的主要矿石类型之一，磷结核、碳硫钼矿和硫化物主要呈角砾（竹叶）状、椭球状。

（2）条带状矿石，主要由条带状的铁、镍、钼硫化物组成，其中硫化物含量高达 60 %～80 %。

（3）浸染状矿石，硫化物、脉石矿石呈浸染状穿插于矿床结核或颗粒中。

（4）结核状矿石，系由硫化物沉积与磷结核沉积叠加而成。硫化物呈星点状、斑点状、不规则状分布在结核间隙中，或围绕结核呈环带纹层，或直接为硫化物结构。

2.2.2 天柱大河边重晶石矿床

1. 矿区地质

贵州天柱大河边重晶石矿床位于天柱大河边－新晃超大型重晶石矿区，属于黔东－湘西地区，矿区长约 30 km，宽约 10 km，已探明储量达 2 亿 t，是目前世界上探明储量最大的重晶石矿床（杨瑞东等，2007a）。

该区是在震旦纪晚期至早寒武世早期，于构造背景为晋宁期的江南—龙胜岛弧及其弧后盆地基础之上发展而来，性质属被动陆缘，总体属于陆坡深水非补偿海盆沉积，属于湘黔桂陆缘断陷盆地。盆地边缘和内部分布有若干近 EW 向和 NE 向的张性断裂，该断裂在早古生代活动性较强，在局部地区形成了裂陷槽。重晶石矿床多沿该深断裂附近平行展布，聚集于海隆之间或隆起中的次级凹陷/洼地（李文炎和余洪云，1991；刘宝珺等，1993；方维萱等，2002）。区域褶皱和断裂较为发育，主要有加里东期 NE 向褶皱、断裂和燕山期 NNE 向的逆冲推覆-褶皱带（图 2-2）。

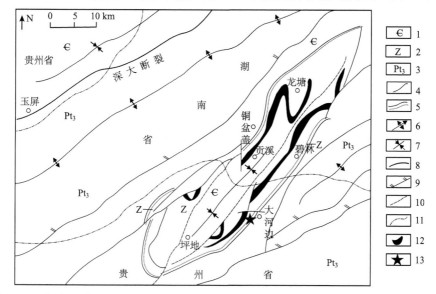

图 2-2 天柱大河边－新晃超大型重晶石矿床地质略图（据李文炎和余洪云，1991 修改）

1. 寒武系；2. 震旦系；3. 板溪群；4. 地层界线；5. 不整合界线；6. 背斜；7. 向斜；8. 深大断裂；9. 断层；10. 推测断层；11. 省界；12. 矿体；13. 采样位置

2. 矿区地层

矿区内出露地层包括元古界下江群，以及震旦系、寒武系、奥陶系和志留系，累计出露地层厚度逾 7000 m，其中，寒武系约占 30 %，震旦系、奥陶系及志留系分布较为局限。寒武系牛蹄塘组是重晶石矿床的主要赋矿地层，矿体以层状为主；此外，奥陶系也赋存有少量重晶石矿床。

天柱大河边重晶石矿床产于下寒武统牛蹄塘组底部黑色岩系，含矿岩系底板以黑薄层硅质岩为主，偶见具放射状结构的透镜状重晶石结核及黑色碳质页岩。重晶石矿层以层状为主，分布较为连续、稳定，也见穿插后期结晶良好的脉状重晶石脉体。含矿岩系上部以含钒和碳质水云母泥岩为主，间夹黑色薄层硅质岩，含风化黄铁矿，并夹粒状、针状、条带状、透镜状重晶石。中寒武统与上寒武统为一套灰岩建造（杨瑞东等，2007b）。

重晶石矿床含矿岩系自下而上为：

（1）含磷质结核的黑色页岩及薄层硅质岩，为重晶石矿层的底板，未见底。

（2）柱状重晶石夹碳质体，局部出现凝灰石透镜体，厚度不稳定，仅在大河边—上公塘一带出现，有可能是热水（液）喷流中心的产物，厚 0～0.2 m。

（3）饼状体重晶石层，局部出现，厚度不稳定，仅在大河边—上公塘一带出现，饼状体一般直径 10～15 cm，高 2～4 cm，可能是热水（液）小的溢流通道口的产物，厚 0～0.2 m。

（4）厚层块状重晶石层，矿石呈细晶结构、斑状结构，一般纹层不发育，厚 1～3 m。

（5）硫化矿物-重晶石层，硫化物（黄铁矿、闪锌矿、黄铜矿）、碳泥质及碳酸盐团块、小透镜体夹在重晶石基质中，品位低，厚 0.05～0.5 m。

（6）条带状重晶石矿层，区内稳定，连续性较好。往往含有纹层状黄铁矿、黄铜矿及少量的闪锌矿，纹理以水平层理为主，厚 0.5～1.0 m。

（7）透镜状重晶石层，下部透镜体较大者直径可达 0.2 m，往上变小为直径 3～5 cm 的结核体，厚 0.3 m。

（8）含菱铁矿、黄铜矿、黄铁矿的重晶石层，重晶石品位低，水平纹层发育，厚 0.5 m。

（9）含大量磷质、黄铁矿结核的碳质页岩，局部发育凝灰岩夹层，水平层理发育，含少量海绵骨针化石，厚 0.5～1.0 m。

3. 矿体特征

矿体产状与围岩一致（图 2-3），以层状矿体为主，矿层总体走向北东 45°，矿体倾向在向斜西翼为南东，东翼为北西，倾角为 20°～40°。主矿层厚度稳定，一般为 3～5 m，最大可达 10.2 m，平均厚度 3.49 m，沿走向方向长约 30 km（余洪云，1988）。

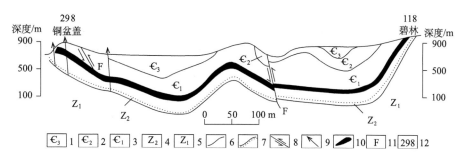

图 2-3　天柱大河边-新晃超大型重晶石矿床剖面示意图（据李文炎和余洪云，1991 修改）

1. 上寒武统；2. 中寒武统；3. 下寒武统；4. 上震旦统；5. 下震旦统；6. 地层界线；7. 不整合界线；8. 断层；9. 钻探线；10. 矿体；11. 断层符号；12. 剖面线方向

4. 矿石类型与组构

研究区重晶石矿床最主要的矿石类型为块状矿石和条纹状矿石，矿物共生组合简单，主要有用矿物为重晶石，$BaSO_4$ 含量多在 90 % 以上，伴生矿物主要为有机质、黏土矿物、钡冰长石、黄铁矿、方解石、白云石、磷灰石等。另外，矿床还有少量的花斑状矿石、溶孔状矿石及结核状矿石等。

第3章　湖南三岔镍钼多金属矿床成矿作用

湖南三岔的早寒武世镍钼多金属矿床，是华南地区乃至全球这一类型矿床的一个典型，目前关于其成因的争议主要集中在成矿元素的海水与热水来源上。本次工作通过系统的地质地球化学研究，提出生物–热水（液）–海水三元叠合成矿作用，这不仅在前人工作基础之上，进一步明确揭示了生物的成矿作用，而且将其有机地与热水、海水成矿作用耦合在一起，而不是前人认为的非此（海水）即彼（热水）。

3.1　样品与方法

3.1.1　样品

湖南三岔典型镍钼多金属矿床，具体采样位置如图 3-1 所示，针对上震旦统灯影组与下寒武统牛蹄塘组进行了系统采样。剖面岩性自下而上分别为灯影组白云岩、牛蹄塘组硅质岩、含磷结核硅质岩、镍钼多元素富集层（矿层）、黑色页岩，具体采样位置与编号如图 3-1 所示，还单独采集了一些品位较高的镍钼矿石，编号为矿石样品（HSC-K-01～06），区别于剖面上的镍钼富集层样品。

3.1.2　方法

对三岔镍钼矿石及其上下围岩进行了系统的岩石学、有机地球化学与无机地球化学分析测试，以研究矿床的成矿作用与成因。岩石学分析主要是矿相学观测，在此基础上，进一步进行了扫描电镜观察与电子探针分析，以精细确定成矿岩石学特征。有机地球化学测试主要是常规的基础和生物标志物地球化学分析。无机地球化学测试主要包括微量和稀土元素，以及硫同位素地球化学分析。具体实验方法如下。

1. 矿相学

矿相学观测在南京大学表生地球化学教育部重点实验室完成，所用仪器为日本产 Nikon LHS-H100C-1 型透射光、反射光和荧光显微镜，光源 100 W Hg 灯，

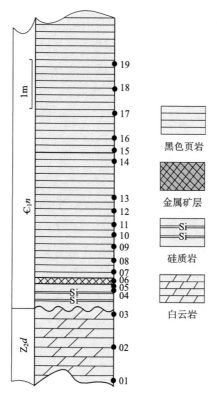

图 3-1　三岔剖面采样位置图

显微照相系统采用 Nikon DXM 1200 显微镜数字照相系统。

2. 电子探针

电子探针分析在东华理工大学省部共建核资源与环境国家重点实验室电子探针室完成。电子探针仪器型号为 JEOL JXA-8100，加速电压为 15.0 kV，电流为 10 nA，束斑大小最低可至 1 μm，所用标准样品为美国国家标准局的 53 个国际标准样品，测试精度为 0.01 %。

3. 扫描电子显微镜

扫描电子显微镜观测在南京大学内生金属矿床成矿机制研究国家重点实验室及中国科学院紫金山天文台天体化学和行星科学实验室进行。南京大学扫描电子显微镜型号为 JSM-6490，放大倍数：5～300 000 倍；分辨率：二次电子检测器为 3.0 nm，背散射电子检测器为 4.0 nm；加速电压：300 V～30 kV；电子探针束流：$10^{-12} \sim 10^{-6}$ A，探针束径：3.8 nm；配有 INCA Energy SEM350 X 射线能谱仪。中国科学院紫金山天文台扫描电子显微镜仪器为 HITACHI S-3400N II 型高低真空电子显微镜，放大倍数：5～300 000 倍；分辨率：二次电子检测器为 3.0 nm，背散射电子检测器为 4.0 nm；加速电压：300 V～30 kV；配备英国 Oxford 能谱仪及完整的软件操作系统，可进行点、线、面定性和定量分析，定量分析精度在 0.5 %以内。

4. 微量和稀土元素

微量和稀土元素组成分析在澳实分析检测（广州）有限公司进行，所用仪器为电感耦合等离子体质谱（ICP-MS）。采用 ME-MS81 方法，将制备好的定量样品（<200 目粉末），加入到 $LiBO_2$ 熔剂中，混合均匀，在 1000℃以上的熔炉中熔化。熔液冷却后，用硝酸定容，再用质谱仪和等离子体光谱仪综合分析。其中，基本金属元素如 Ag、Cu、Pb、Zn 等的含量，特别是以硫化物存在时，仅供参考。此外，需要注意的是，由于样品中 Ba 元素的含量较高，因此对 Sm、Eu、Gd 三种元素含量的测试存在一定干扰。

5. 有机地球化学

有机地球化学分析在中国石化石油勘探开发研究院无锡石油地质研究所实验研究中心完成。有机碳与硫含量、沥青反射率和干酪根碳同位素的测试仪器分别为 LECO CS-200 型碳硫分析仪、LEITZ MPV 3 显微光度计和 MAT-253 型同位素质谱仪。

可溶有机质氯仿沥青的提取采用索氏抽提法。对氯仿沥青中的饱和烃组分进一步进行生物标志物的气相色谱（GC）和气相色谱-质谱（GC-MS）分析，气相色谱采用 HP 6890 型气相色谱仪，配置 SE-54 弹性石英毛细色谱柱，柱温升高程序为：起始温度为 80 ℃，恒温 3 min，以 3 ℃/min 升至 310 ℃，再恒温 20 min，载气为恒流 1 mL/min 的氮气。气相色谱-质谱分析采用 Agilent 5973（联用 HP 6890）台式质谱仪，分离选用 30 m（饱和烃）×0.25 mm 的 HP-5 石英毛细柱，色谱分析条件为：进样温度为 300 ℃，载气（He）流量为 0.8 mL/min；起始温度为 80 ℃，恒温 3 min，以 3℃/ min 升至 230 ℃，再以 2 ℃/min 升至 310 ℃，恒温 18 min。生物标记化合物质谱分析条件为：电子轰击能量为 70 eV，离子源温度为 230～250 ℃，传输线温度为 250 ℃，光电倍增管电压为 350 V，扫描方式为多离子检测（TIC、m/z=191、m/z=217）。

6. 硫同位素

硫同位素分析测试在东华理工大学省部共建核资源与环境国家重点实验室完成。实验步骤：将重晶石矿石样品粉碎、粗选，再经蒸馏水冲洗、晾干后，过筛至 60～80 目，显微镜下挑选矿石单矿物（纯度大于 98 %），研磨至 200 目以下，称取 20～100 μg 待测样品，在 1020℃下氧化为 SO_2，采用国际标准 V-CDT，用 Flash-EA 与 MAT-253 型同位素质谱仪联机测试分析，测试精度为 $\delta^{34}S \leqslant 0.2$ ‰。

3.2　岩石矿物学

3.2.1　矿物学

1. 总体特征

含矿岩系中镍钼矿层上下围岩岩性分别为黑色泥岩（图 3-2A）和磷块岩（图 3-2B）。通过手标本、矿相显微镜、电子探针及扫描电子显微镜的详细观察分析研究发现，镍钼矿层上下围岩黑色泥岩、磷块岩中矿物较单一，其中矿层上覆围岩碳质泥岩中可见星点状黄铁矿、白云石及石英，其余主要为黏土矿物；矿层下伏围岩磷块岩中含磷结核较多，通过电子探针发现主要含胶磷矿，其中胶磷矿中含有石英、重晶石等，其他金属矿物几乎很难看到。相比而言，镍钼矿石中则含有多种硫化物、硫砷化物（图 3-3～图 3-5）。

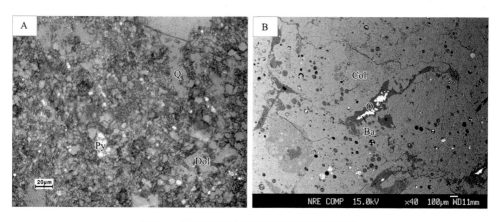

图 3-2　矿石围岩中的矿物学特征显微照片

A. 星点状黄铁矿、白云石及石英，样品 HSC-08，三岔矿层上覆围岩黑色泥岩样品，矿相显微镜下照片；B.胶磷矿中见有石英、重晶石，样品 HSC-05，三岔矿层下伏磷块岩，电子探针背散射照片；Py-黄铁矿；Q-石英；Dol-白云石；Ba-重晶石；Col-胶磷矿

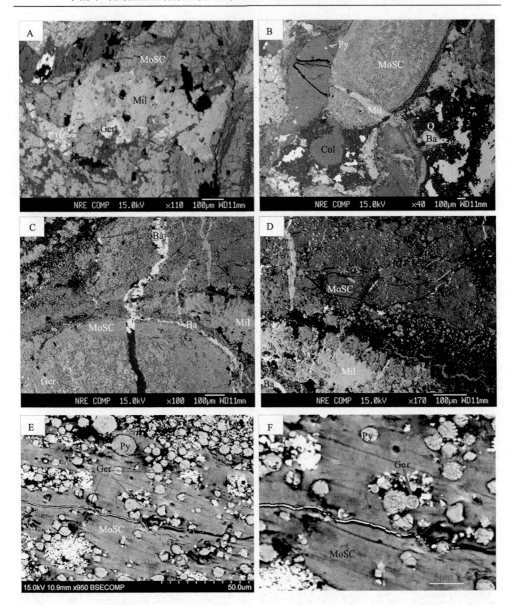

图 3-3　矿石矿物学特征照片 I

A. 针镍矿呈浸染状充填于早期形成的"碳硫钼矿"裂隙中，三岔矿石样品 HSC-K-10，电子探针背散射照片；
B. 晚期针镍矿穿插早期的含"碳硫钼矿"、黄铁矿等硫化物结核体，三岔矿石样品 HSC-K-09，电子探针背散射
照片；C. 含"碳硫钼矿"、黄铁矿与针镍矿结核被后期重晶石、方解石脉穿切，另见有脉状针镍矿，三岔矿石样
品 HSC-K-02，电子探针背散射照片；D. "碳硫钼矿"裂隙间充填有针镍矿、莓球状黄铁矿，见脉状针镍矿，三
岔矿石样品 HSC-K-02，为图 C 右上部放大照片；E. "碳硫钼矿"孔隙中的莓球状黄铁矿、辉砷镍矿，三岔矿石
样品 HSC-K-09，扫描电镜背散射照片；F. 部分莓球状黄铁矿边缘被辉砷镍矿交代，三岔矿石样品 HSC-K-09，为
图 C 右侧放大照片；Py-黄铁矿；Mil-针镍矿；MoSC-"碳硫钼矿"；Ger-辉砷镍矿；Sph-闪锌矿；Cp-黄铜矿；
Ba-重晶石；Col-胶磷矿；Q-石英；Dol-白云石；Cc-方解石；Vae-方硫镍矿

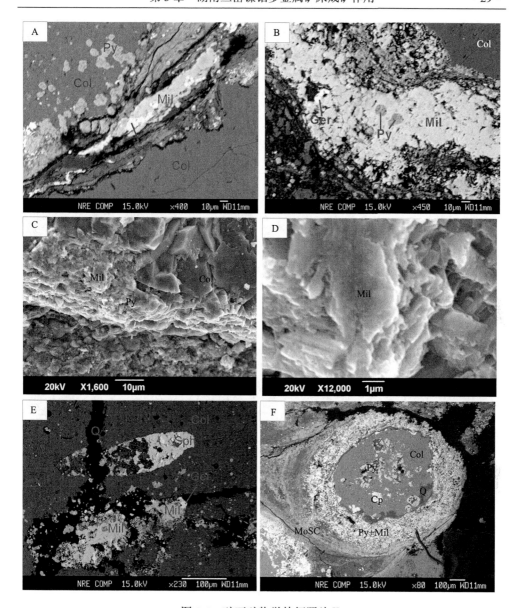

图 3-4　矿石矿物学特征照片 II

A. 针镍矿与辉砷镍矿共生，呈脉状沿胶磷矿边缘分布，三岔矿石样品 HSC-K-04，电子探针背散射照片； B. 针镍矿、黄铁矿与辉砷镍矿共生，三岔矿石样品 HSC-K-04，电子探针背散射照片；C. 针镍矿、黄铁矿共生，沿胶磷矿边缘分布，三岔矿石样品 HSC-K-02，扫描电镜二次电子像；D. 图 C 放大后的针镍矿照片；E. 针镍矿、辉砷镍矿与闪锌矿共生，被后期石英脉切穿，三岔矿石样品 HSC-K-04，电子探针背散射照片；F. 结核内为胶磷矿，其中含有黄铁矿、黄铜矿与石英，中层含黄铁矿与针镍矿，最外层为"碳硫钼矿"，三岔矿石样品 HSC-K-03，电子探针背散射照片；矿物代号同图 3-3

图 3-5　矿石矿物学特征照片 Ⅲ

A. 胶状黄铁矿，并见有针镍矿与方硫镍矿，三岔矿石样品 HSC-K-09，电子探针背散射照片；B. 粒状及重结晶黄
铁矿，胶磷矿内部见有星点状黄铁矿，三岔矿石样品 HSC-K-09，电子探针背散射照片；C. 闪锌矿呈脉状充填于
早期黄铁矿裂隙中，三岔矿石样品 HSC-K-02，电子探针背散射照片；D. 粒状黄铁矿，三岔矿石样品 HSC-K-09，
扫描电镜二次电子像；E. 莓球状黄铁矿，三岔矿石样品 HSC-K-09，扫描电镜二次电子像；F. 晚期黄铁矿、白云
石脉穿插于"碳硫钼矿"空隙中，三岔矿石样品 HSC-K-01，电子探针背散射照片；矿物代号同图 3-3

为进一步精确查明矿石矿物类型与组成，利用电子探针对样品中的金属硫化物进行分析，主要包括 Ni、Mo、Cu、Zn、Pb、Fe、Co、Bi、Te、Sb、Se、S、As 等。结果表明，仅 Bi 元素含量较低（大多数样品中其含量未能达到仪器检测限），其他元素普遍检出，并且根据 36 个有效分析点数据，除了识别出镍和钼硫化物外，还发现有黄铁矿、闪锌矿、黄铜矿（表 3-1）。

2. 镍矿物

镍矿物仅发现于矿石样品中，主要有 3 种：针镍矿、辉砷镍矿、方硫镍矿。其中，针镍矿为最主要的镍矿物。

1）针镍矿

针镍矿理论化学分子式为 NiS，本次工作发现的针镍矿形态主要呈浸染状、脉状充填于早期矿物空隙中（图 3-3A～D），或与黄铁矿、辉砷镍矿、闪锌矿呈共生组合出现（图 3-4）。电子探针实测镍含量 w（Ni）为 60.74 %～64.89 %，平均为 62.97 %；硫含量 w（S）为 34.16 %～36.57 %，平均为 35.27 %；钼含量为 w（Mo）0.37 %～0.51 %，平均为 0.43 %；除 Ni、S、Mo 外，还含有少量的 Fe、Co、Cu、Pb、Te、Se、As 等元素，而 Zn、Bi、Sb 的含量则未达到检测限。

2）辉砷镍矿

辉砷镍矿理论化学分子式为 NiAsS，本次工作发现的辉砷镍矿常呈它形与黄铁矿、针镍矿共生（图 3-4A、B、E），部分辉砷镍矿交代了早期形成的莓球状黄铁矿（图 3-3E、F）。这些辉砷镍矿实测镍含量 w（Ni）为 34.84 %～36.82 %，平均为 36.30 %；硫含量 w（S）为 16.77 %～22.33 %，平均为 20.31 %；砷含量 w（As）为 38.02 %～46.93 %，平均为 42.43 %；钼含量 w（Mo）为 0.18 %～0.29 %，平均为 0.22 %；此外，还含有少量的 Fe、Co、Cu、Pb、Te 等元素，而 Zn、Bi、Sb、Se 等元素的含量则未达到检测限。

3）方硫镍矿

方硫镍矿理论分子式为 NiS_2，本次工作实测分析出 1 个有效方硫镍矿样点，呈胶状出现（图 3-5A）。其镍含量 w（Ni）为 45.23 %，硫含量 w（S）为 50.05 %，还含有 0.89 % 的 Se、0.27 % 的 Fe、0.70 % 的 Mo，总体元素组成接近理论值。

3. 钼矿物

与镍矿物一样，钼矿物也仅在矿石中有发现，并且与镍矿物有多种赋存形式不同的是，仅发现一种主要的赋存形式，即"碳硫钼矿"。"碳硫钼矿"的理论

表 3-1　镍钼多金属矿床黑色岩系金属硫化物电子探针分析结果　［单位：%（质量分数）］

样品编号	Fe	Co	Ni	Cu	Zn	Pb	Bi	Sb	Te	Se	S	As	Mo	总计	分子式	矿物名称
HSC-K-01-A.3	0.48	0.00	63.32	0.12	0.00	0.00	0.00	0.00	0.22	0.67	36.57	0.08	0.51	101.97	$NiS_{1.06}$	针镍矿
HSC-K-02-A.01	0.06	0.00	64.89	0.09	0.00	0.00	0.00	0.00	0.11	0.56	35.96	0.00	0.42	102.07	$NiS_{1.02}$	针镍矿
HSC-K-02-A.04	1.86	0.02	60.74	0.09	0.00	0.03	0.00	0.00	0.20	0.61	34.60	0.04	0.50	98.69	$NiS_{1.05}$	针镍矿
HSC-K-02-A.07	0.17	0.03	61.76	0.04	0.00	0.00	0.00	0.00	0.26	0.49	35.23	0.03	0.38	98.39	$NiS_{1.05}$	针镍矿
HSC-K-02-A.13	0.47	0.00	62.04	0.10	0.00	0.06	0.00	0.00	0.20	0.66	35.38	0.41	0.44	99.75	$NiS_{1.05}$	针镍矿
HSC-K-06-A.01	0.11	0.01	62.75	0.11	0.00	0.09	0.00	0.00	0.17	1.24	34.16	0.10	0.37	99.10	NiS	针镍矿
HSC-K-06-A.03	0.11	0.00	63.49	0.16	0.00	0.05	0.00	0.00	0.16	0.99	35.53	0.03	0.39	100.85	$NiS_{1.03}$	针镍矿
HSC-K-09-B.2	0.12	0.04	64.73	0.04	0.00	0.00	0.00	0.00	0.23	1.53	34.72	0.04	0.45	101.94	NiS	针镍矿
HSC-K-01-A.5	0.56	0.05	34.84	0.10	0.00	0.00	0.00	0.00	0.19	0.00	16.77	46.93	0.18	99.62	$Fe_{0.02}Ni_{0.98}As_{1.04}S_{0.87}$	辉砷镍矿
HSC-K-03-A.04	0.07	0.00	36.40	0.01	0.00	0.25	0.00	0.00	0.11	0.00	20.69	42.55	0.19	100.27	$NiAs_{0.92}S_{1.05}$	辉砷镍矿
HSC-K-04-A.05	0.14	0.11	36.72	0.03	0.00	0.12	0.00	0.00	0.11	0.00	22.33	38.02	0.29	97.87	$NiAs_{0.81}S_{1.12}$	辉砷镍矿
HSC-K-06-A.02	0.01	0.00	36.82	0.00	0.00	0.07	0.00	0.00	0.13	0.00	20.25	42.56	0.25	100.08	$NiAs_{0.91}S_{1.01}$	辉砷镍矿
HSC-K-10-A.1	0.68	0.03	36.70	0.00	0.00	0.00	0.00	0.00	0.10	0.00	21.52	42.09	0.21	101.34	$Fe_{0.02}Ni_{0.98}As_{0.89}S_{1.06}$	辉砷镍矿
HSC-K-09-A.4	0.27	0.01	45.23	0.06	0.00	0.00	0.00	0.00	0.13	0.89	50.05	0.15	0.70	97.49	$Fe_{0.01}Ni_{0.98}S_2$	方硫镍矿
HSC-K-02-A.06	1.21	0.04	3.09	0.00	1.86	0.00	0.10	0.25	0.19	0.45	29.57	1.02	30.18	67.77	$S:Mo=2.94$	"碳硫钼矿"
HSC-K-02-A.08	0.93	0.06	2.49	0.07	0.01	0.00	0.00	0.28	0.00	0.46	25.07	1.10	26.60	57.07	$S:Mo=2.83$	"碳硫钼矿"
HSC-K-06-A.04	0.95	0.03	2.82	0.09	0.00	0.00	0.00	0.43	0.00	0.70	29.98	1.09	32.75	68.84	$S:Mo=2.75$	"碳硫钼矿"
HSC-08.1	45.65	0.08	0.01	0.16	0.05	0.22	0.00	0.02	0.00	0.05	53.71	0.05	0.60	100.59	$Fe_{0.97}S_2$	黄铁矿
HSC-14.2	45.13	0.06	0.44	0.00	0.04	0.06	0.00	0.00	0.00	0.03	53.71	0.03	0.71	100.20	$Fe_{0.96}S_2$	黄铁矿
HSC-K-01-A.4	41.60	0.15	3.46	0.00	2.04	0.09	0.00	0.00	0.07	0.05	52.22	1.24	0.65	101.55	$Fe_{0.91}Ni_{0.07}S_2$	黄铁矿
HSC-K-01-A.7	45.90	0.05	0.76	0.12	0.08	0.00	0.00	0.00	0.00	0.05	54.82	0.15	0.53	102.45	$Fe_{0.96}S_2$	黄铁矿

续表

样品编号	Fe	Co	Ni	Cu	Zn	Pb	Bi	Sb	Te	Se	S	As	Mo	总计	分子式	矿物名称
HSC-K-02-A.02	44.44	0.11	1.63	0.04	0.04	0.08	0.00	0.02	0.00	0.05	53.43	0.41	0.64	100.89	$Fe_{0.95}S_2$	黄铁矿
HSC-K-02-A.03	39.25	0.62	6.97	0.11	0.07	0.04	0.00	0.04	0.00	0.12	51.50	1.46	0.74	100.93	$Fe_{0.87}Ni_{0.15}S_2$	黄铁矿
HSC-K-02-A.12	40.00	0.20	5.14	0.06	0.00	0.08	0.00	0.01	0.00	0.08	49.83	2.79	0.87	99.05	$Fe_{0.92}Ni_{0.11}S_2$	黄铁矿
HSC-K-03-A.01	45.41	0.08	0.03	0.00	0.05	0.10	0.00	0.00	0.00	0.11	53.65	0.57	0.78	100.77	$Fe_{0.97}S_2$	黄铁矿
HSC-K-03-A.02	46.61	0.07	0.07	0.02	0.11	0.13	0.00	0.00	0.00	0.02	53.93	0.05	0.62	101.62	$Fe_{0.99}S_2$	黄铁矿
HSC-K-04-A.01	45.56	0.09	0.00	0.00	0.01	0.01	0.00	0.00	0.01	0.11	53.53	0.88	0.70	100.91	$Fe_{0.97}S_2$	黄铁矿
HSC-K-04-A.02	45.66	0.12	0.16	0.00	0.04	0.05	0.00	0.03	0.00	0.08	53.90	0.90	0.67	101.60	$Fe_{0.97}S_2$	黄铁矿
HSC-K-05-B.2	43.67	0.25	1.96	0.34	0.06	0.03	0.00	0.06	0.00	0.02	54.29	0.08	0.51	101.28	$Fe_{0.92}S_2$	黄铁矿
HSC-K-07-B.2	46.02	0.06	0.00	0.00	0.05	0.12	0.00	0.01	0.00	0.13	53.13	0.89	0.59	100.99	$Fe_{0.99}S_2$	黄铁矿
HSC-K-08-A.01	44.19	0.09	1.71	0.41	0.00	0.17	0.00	0.04	0.00	0.04	53.64	0.31	0.54	101.15	$Fe_{0.94}S_2$	黄铁矿
HSC-K-09-A.3	40.82	0.08	3.01	0.48	0.08	0.09	0.00	0.03	0.02	0.36	52.32	0.80	1.12	99.20	$Fe_{0.90}Ni_{0.06}S_2$	黄铁矿
HSC-K-02-B.1	0.10	0.00	0.00	0.12	66.28	0.14	0.00	0.01	0.00	0.07	33.10	0.00	0.42	100.23	$ZnS_{1.01}$	闪锌矿
HSC-K-03-A.03	0.05	0.00	0.06	0.39	65.62	0.00	0.00	0.03	0.04	0.00	33.63	0.09	0.42	100.32	$ZnS_{1.04}$	闪锌矿
HSC-K-04-A.06	0.01	0.00	0.04	0.06	66.04	0.00	0.00	0.00	0.00	0.05	34.02	0.00	0.38	100.59	$ZnS_{1.05}$	闪锌矿
HSC-K-03-A.05	28.99	0.04	0.02	32.69	0.00	0.01	0.00	0.01	0.02	0.08	35.23	0.03	0.41	97.53	$CuFe_{1.01}S_{2.16}$	黄铜矿

化学分子式为$(Mo,Fe,Ni)_3(S,As)_6C_{10}$（Kao et al., 2001），实际在电子探针分析中，由于"碳硫钼矿"中含有大量的碳，故所测总量远小于百分之百，具体而言，硫含量w（S）为 25.07 %～29.98 %，平均为 28.21 %；钼含量w（Mo）为 26.60 %～32.75 %，平均为 29.84 %；除 S、Mo 外，"碳硫钼矿"中还含有 Ni、Fe、Co、Cu、Zn、Bi、Sb、Se、As 等元素，其中镍含量w（Ni）为 2.49 %～3.09 %，平均为 2.80 %，砷含量w（As）为 1.02 %～1.10 %，平均为 1.07 %，而 Pb、Te 的含量则未能达到检测限。实验中发现的"碳硫钼矿"主要与硫化物呈椭球形结核体（图 3-3B、C）或呈它形产出（图 3-3A、D），其内部孔隙分布有大量莓球状黄铁矿（图 3-3E、F）。

4. 其他硫化物

除以上介绍的镍、钼硫化物外，还发现了一些其他类型的硫化物，主要包括3 种：黄铁矿、闪锌矿、黄铜矿。

1）黄铁矿

与镍、钼类硫化物不同的是，黄铁矿除了在矿石层中出现外，在围岩地层中也有广泛分布。其中，围岩黑色页岩中黄铁矿通常呈星点状分布，而矿层中的黄铁矿则形态多种多样，表明其成因复杂。

黄铁矿理论化学分子式为FeS_2，实际的电子探针成分分析表明，黄铁矿中除Fe、S 外，还含有 Ni、Mo、Co、Cu、Zn、Pb、Se、As 等其他元素。其中，铁含量w(Fe)为 39.25 %～46.61 %，平均为 44.00 %；硫含量w(S)为 49.83 %～54.82 %，平均为 53.17 %；镍含量w（Ni）为 0～6.97 %，平均为 1.69 %；钼含量w（Mo）为 0.51 %～1.12 %，平均为 0.68 %；钴含量w（Co）为 0.05 %～0.62 %，平均为 0.14 %；铜含量w(Cu)为 0～0.48 %，平均为 0.17 %；锌含量w(Zn)为 0～2.04 %，平均为 0.18 %；铅含量w（Pb）为 0～0.22 %，平均为 0.08 %；硒含量w（Se）为 0.02 %～0.36 %，平均为 0.09 %；砷含量w（As）为 0.03 %～2.79 %，平均为 0.71 %。对于这些元素，Ni、Mo、Co、Cu、Zn、Pb 等阳离子主要替换黄铁矿中的 Fe，Se、As 为阴离子，主要替换其中的 S。此外，Bi、Sb、Te 含量很低，只在少数样品中达到检测限。从黄铁矿化学成分来看，部分也含有一定含量的 Ni，最高可达 6.97 %。

综合矿相显微镜、电子探针及扫描电子显微镜的实验结果，对黄铁矿的形态进行了详细的观察与分析，发现黄铁矿可能为多期次成岩成矿作用的产物，并且据脉状黄铁矿的出现，可粗略划分出不同形态黄铁矿的形成次序。其中，早期黄铁矿：①呈胶状形式出现（图 3-5A）；②呈粒状、团块状集合体出现（图 3-5B、C、D）；③呈莓球状出现（图 3-3E、F 和图 3-5E），部分莓球状黄铁矿边缘被后期流体活动所交代，如辉砷镍矿交代黄铁矿（图 3-3E、F），这类黄铁矿广泛分布于"碳硫钼矿"等矿物的孔隙中，表明其晚于"碳硫钼矿"的形成，故反映"碳硫钼矿"形成较早。相比而言，晚期黄铁矿：①呈脉状或浸染状与针镍矿、辉砷镍矿共生（图 3-4B、C、F）；②呈脉状与白云石共生分布（图 3-5F），脉状黄铁矿及其共生矿物组合反映了其形成较晚。

2）闪锌矿

闪锌矿仅在矿石样品中发现，呈脉状与黄铁矿、针镍矿及辉砷镍矿共生（图 3-4E 和图 3-5C）。闪锌矿理论化学分子式为 ZnS，实际分析中硫含量 w（S）为 33.10 %～34.02 %，平均为 33.58 %；锌含量 w（Zn）为 65.62 %～66.28 %，平均为 65.98 %；镍含量 w（Ni）很低，最高仅为 0.06 %；钼含量 w（Mo）为 0.38 %～0.42 %，平均为 0.41 %。此外，还含有一些含量较低的 Fe、Cu、Zn、Pb、Sb、Te、Se、As 等其他元素，其中，仅 Co 和 Bi 元素含量未达到检测限，该特征与黄铁矿有些类似。

3）黄铜矿

黄铜矿仅在矿石样品中发现，主要呈粒状产于磷结核内部（图 3-4F），其中 1 个有效分析点的铜含量 w（Cu）为 32.69 %、铁含量 w（Fe）为 28.99 %、硫含量 w（S）为 35.23 %、镍含量 w（Ni）为 0.02 %、钼含量 w（Mo）为 0.41 %，接近理论化学分子组成 $CuFeS_2$。

3.2.2　镍钼硫化物形成次序

通过上述对矿石矿物进行详细的矿相显微镜、扫描电镜及电子探针综合分析，发现矿石中的钼矿物仅有"碳硫钼矿"，而其他矿物中仅含少量的 Mo（表 3-1），故"碳硫钼矿"应为钼的主要赋存形式。"碳硫钼矿"的形态主要包括两类：一类与其他硫化物呈椭球体共生，并且主要分布在椭球体的外壁（图 3-3B、C 和图 3-4F）；另一类呈它形分布于基质中（图 3-3A、D），并且内部分布有大量莓球状黄铁矿（图 3-3E、F）。

相比而言，矿石中的镍矿物主要为针镍矿，以及少量的辉砷镍矿、方硫镍矿。其中，针镍矿为镍的主要赋存形式，而"碳硫钼矿"、部分黄铁矿中也含一定量的镍（表 3-1），表明有少部分的镍与"碳硫钼矿"有着共同的成因。针镍矿常呈脉状或浸染状侵入"碳硫钼矿"、胶磷矿等矿物裂隙或孔隙中（图 3-3A～D），或与黄铁矿、辉砷镍矿、闪锌矿呈共生组合出现（图 3-4A~F）。因此，从矿物形态上来分析，针镍矿与辉砷镍矿往往共生产出，并与"碳硫钼矿"、胶磷矿呈穿插关系，反映主要镍矿物的形成要晚于"碳硫钼矿"，表明镍与钼形成于不同期次的成矿作用，也可能反映了镍与钼的成因有所不同。

另外，从镍钼矿物元素组成上进行分析。如图 3-6 所示，Sb 是典型的亲生物元素（Orberger et al., 2007），其在"碳硫钼矿"中有较高的含量（0.1 %~0.5 %），而在针镍矿中含量很低（<0.1 %）。因此结合镍钼矿物形态学特征，反映了镍和钼可能富集于不同源、不同期的成矿事件，"碳硫钼矿"的形成可能与生物的作用密切相关，而针镍矿的形成与生物作用的关系相对较小。为进行对比，确认研究结果的有效性，将黄铁矿的数据也投到图中，发现其 Sb 元素含量介于两者之间，反映其成因较复杂。这与岩石学特征的观测结果一致，也与前人从成分标型角度展开研究的认识一致（佟景贵等，2004），说明应用图 3-6 进行分析是有效的。

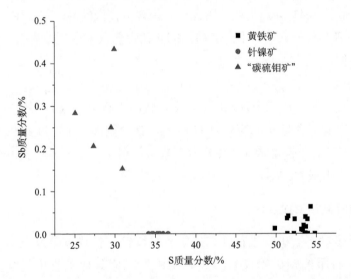

图 3-6　黄铁矿、针镍矿及"碳硫钼矿"中 Sb 与 S 含量和其相互关系

3.2.3　镍钼矿物成因

1. 钼矿成因

"碳硫钼矿"是矿石中钼的主要赋存形式，其成因可能指示钼的成因。Kao等（2001）对贵州遵义天鹅山矿床中的"碳硫钼矿"进行了详细的矿物学研究，认为其具有复杂的矿物组成与结构，除 S、Mo 外，还含有一定的 C、H 等元素，

且普遍包含有 1 %～3 %的 Fe、Ni 和 As 等元素，其实际的化学组成可以表示为 $(Mo,Fe,Ni)_3(As, S)_6C_{10}$。Orberger 等（2007）对"碳硫钼矿"进行了进一步研究，发现"碳硫钼矿"为一种复杂的纳米晶体混合物，为 MoS_2 与石墨的混合体，而 MoS_2 的化学式可表示为 $(Mo,Fe,Ni,Cu,Co,Zn,Sb,Pd)(S,Se,As)_2$。金属矿物中，仅在"碳硫钼矿"中检测出一定量的 N（约 0.6 %），其 C/N 值与现代海洋中的有机物，以及与热液流体有关的富黏土溶解断层角砾岩中的干酪根 C/N 值接近，反映"碳硫钼矿"的形成可能与热液流体环境中生物及有机质相关。

Kao 等（2001）在对"碳硫钼矿"进行透射电子显微镜研究时发现，其内部具有类似细菌的结构，并且具有明显的内外层细胞壁构造，直径约 0.3 mm，这很有可能表明"碳硫钼矿"的形成来自对固体有机物质的替代作用（Murowchick et al.，1994；Kříbek et al.，2007），因而钼很可能来自海水（Lehmann et al.，2007；Xu et al.，2011）。周洁等（2008）对华南下寒武统镍钼矿床进行研究，发现矿层中有许多椭球体为红藻的囊果，而一部分"碳硫钼矿"常分布于囊果外围的包被，内部还见有黄铁矿与钼镍硫化物。囊果与金属元素的这种共生关系，为藻类参与成矿作用的可能性提供了证据。这些都进一步说明 Mo 元素的成因很可能与生物有机质有关。

从元素自身的地球化学性质上看，Mo 元素在含氧的海水中主要以 MoO_4^{2-} 等 +6 价形式存在，常见 pH-Eh 环境下 Mo 主要呈现相对惰性的地球化学特征（Anbar，2004；Tossell，2005）。然而，贫氧-无氧条件下的海底沉积物中可以有含量很高的 Mo，可达 50 ppm（Emerson and Huested，1991），相比而言，在正常含氧水的沉积物中，Mo 元素的含量仅约 8 ppm（Bertine and Turekian，1973）。因此，似乎贫氧-无氧的富有机质环境适宜于 Mo 元素的聚集，这进一步说明 Mo 元素的成因与生物有机质之间的联系。

一方面，在现代沉积岩和贫氧海相盆地的沉积岩中，有机碳与钼含量之间通常存在明显的正相关关系（Brumsack，1986；Werne et al.，2002）。另一方面，海水中 Mo 的富集系数往往要高于热液系统中 Mo 的富集系数（Orberger et al.，2007）。综合上述，说明"碳硫钼矿"的钼可能更多地来自海水。

华南早寒武世研究区总体处于动荡的近岸浅水环境，富磷酸盐、硫化物及来自浮游生物（诸如藻类等微生物的底栖生物群落）的有机残体，因而有机碳含量普遍较高（Kříbek et al.，2007）。随含大量生物碎屑与有机残体的沉积，受区域海盆的限制，有机质和复杂磷酸盐通过细菌作用分解出 PO_4^{3-}、NH_4^+、HS^- 等，使海盆形成缺氧环境（Murowchick et al.，1994）。在贫氧-无氧条件的海底沉积物中，可以有很高的 Mo 含量（可达 50 ppm）（Emerson and Huested, 1991）。而当源于生物成因的 H_2S 含量大于 10^{-5} mol/L 时，海水中稳定的 MoO_4^{2-} 开始发生如下转变：$MoO_4^{2-}-MoO_3S^{2-}-MoO_2S_2^{2-}-MoS_3^{2-}$（Vorlicek et al., 2004）。当海水中单质硫存在时，这样的转变速度较快，而当海水中单质硫缺乏时，硫化物则缓慢替代 MoO_4^{2-} 中的 O。而华南早寒武世海洋在 Ni-Mo 矿床形成时具相当高的 H_2S 含量，为"碳硫钼矿"的形成提供了条件（Vorlicek et al., 2004）。

综上所述，生物在钼矿的形成过程中起到了重要的作用，而 Mo 可能主要来自海水，但仍不能排除热液（水）对钼的贡献。

需要说明的是，Mo 元素的来源仍很复杂，还需要进一步研究。最近，Xu 等（2011）对 Dazhuliushui、Maluhe 及 Sancha 的镍钼矿床进行了 Re-Os 同位素研究，得出了（521±5）Ma 的年龄，与矿层下部磷结核的 Pb-Pb 年龄（Jiang et al., 2006）、矿层下部火山灰中锆石 Shrimp 的 U-Pb 年龄（Jiang et al., 2009）相一致。而镍钼矿石的 $^{187}Os/^{188}Os$ 初始值为（0.87±0.07），与黑色页岩的 $^{187}Os/^{188}Os$ 初始值 0.80 一致，反映了金属的海水成因。Wille 等（2008）、Lehmann 等（2007）对矿床 Mo 同位素的研究认为 Mo 完全来自海水，而蒋少涌等（2008）则认为这不能解释为什么有的黑色页岩样品比当时的海水还具有高的 $\delta^{98/95}Mo$ 值；Wen 等（2009，2011）对早寒武世黑色岩系的 Mo、Se 同位素研究认为，Mo 来自海水和热液的混合，并且与热液来源的 S（Se）结合而沉淀。可见，关于 Mo 元素的来源，还是一个有争议的科学问题。

2. 镍矿成因

如前所归纳，矿床中镍矿物有针镍矿、辉砷镍矿、方硫镍矿等，针镍矿为其主要赋存形式，其形态主要呈脉状或浸染状充填于早期形成的矿物中，或与黄铁矿、辉砷镍矿呈共生组合出现。

与对钼元素研究的争议类似，对镍的成因也存在一些不确定性，具有热液（水）与海水两种不同来源为主体成因的观点。Lott 等（1999）的工作，发现遵义和大庸镍钼多金属矿床石英脉中的流体包裹体均一温度为 65~187 ℃，盐度为 0.4%~33.4%（NaCl 质量分数）；陈益平等（2006，2007）对华南早寒武世镍钼矿床的铜、铅、锌及稀土矿物研究，认为其代表一种热液（水）沉积作用的产物。因此，从矿物共生组合来看，镍可能主要来自热液（水）作用。Belkin 和 Luo（2008）对黄家湾矿床晚阶段硫化物与硫砷化物的研究表明，针镍矿-辉砷镍矿-黄铁矿组合形成温度在 200~300 ℃，认为矿床经历了热液作用。

但仍有学者提出了镍的海水成因。如 Mao 等（2002）对镍钼矿矿床 Os 同位素组成的研究认为 $^{187}Os/^{188}Os$ 的初始值与现代海水相近；Mao 等（2002）、Lehmann 等（2007）在研究矿床金属元素含量时发现，矿层各金属元素的含量与海水的比值为 106～108，大约为黑色页岩的 10～100 倍，具有较好的相关性，认为这些元素的大量富集是在海洋中以一个非常缓慢的沉积速率下形成的；Lehmann 等（2007）与 Wille 等（2008）进一步通过研究多金属富集层中的 Mo 同位素特征，认为其与现代海水中的值基本一致，推测 Ni-Mo 矿层等黑色岩系为海水沉积作用成因，并认为富 H_2S 上升海水是导致金属元素富集的重要作用（Wille et al., 2008）；Lehmann 等（2007）在对矿床的稀土元素进行研究时发现，镍钼富集层的稀土元素配分模式与海水模式相近，而与热液（水）成因铁锰结核明显不同；Xu 等（2013）通过 Mo 同位素、PGE、微量元素特征研究认为镍钼多金属矿床的金属元素主要来自海水，但进行稀土元素研究时发现弱的正铈异常，反映了部分热液组分的加入。这些对矿床金属元素来源的研究，首先假定了镍钼具有共同的成因，但不能排除其他作用对成矿的影响。

本书对镍钼矿床的研究发现，在围岩中未发现任何有关镍钼的独立矿物，只在矿层中发现有多种镍钼矿物。与钼矿物只有一种独立矿物"碳硫钼矿"不同的是，镍矿物有多种镍的硫化物与硫砷化物，其形态主要呈脉状、浸染状，具有与"碳硫钼矿"明显不同的形态，这种形态很可能反映了其热液成因的特点，这点与前人对矿层包裹体特征的研究结果相一致（Lott et al., 1999；Belkin and Luo, 2008）。而其他形态的镍，如呈胶状的方硫镍矿、金属硫化物椭球体中的镍及"碳硫钼矿"中的镍等，可能为生物成因（Cao et al., 2013）。因此，生物对镍也应具有一定富集作用，其来源应为海水。

综合上述分析，可以推断矿床至少经历了两类成矿作用，即生物-海水成矿作用（导致"碳硫钼矿"的形成，钼主要来自海水，也包括少量的镍）及相对晚期的热液（水）成矿作用（针镍矿、辉砷镍矿等主要镍的硫化物形成，并为矿床带来大量镍、铜、锌等成矿元素）。

3.3　元素地球化学

元素地球化学的研究内容主要是探讨各化学元素具体的地球化学特征，主要包括元素的物理、化学和晶体化学性质，在自然界中的分布和分配、迁移形式、赋存状态、演化循环历史、富集途径，以及元素的主要矿床类型等（刘英俊等，

1984）。分析研究微量和稀土元素，可将其用作地质地球化学过程的示踪剂，广泛应用于研究成岩成矿的物理化学条件、成矿物源、岩石成因、地壳和地球等天体的形成和演化等。本次工作通过微量与稀土元素地球化学研究，重点探讨与矿床成因相关的成矿物质来源及成矿时物理化学条件等。

3.3.1　微量元素地球化学

1. 基本特征

本次共测试了 V、Cr、Co、Ni、Cu、Zn、Ga、Rb、Sr、Zr、Mo、Ba、Pb、Th、U 等21种微量元素，结果如表 3-2 所示。相对于澳大利亚后太古代页岩（PAAS）（Taylor and McLennan, 1985），如图 3-7 所示，白云岩（$n=3$）微量元素的富集系数均低于 1；硅质岩与含磷结核硅质岩的微量元素富集系数总体趋势一致，但含磷结核硅质岩（$n=1$）的微量元素富集系数更高，如 Ba、U、Mo、V、Sr、Cu 的富集系数分别达到4.55、25.35、134.00、12.10、2.45、1.74，而硅质岩（$n=1$）仅为 2.60、4.84、17、0.35、0.14 和 0.58；剖面中的镍钼多元素富集层与单独所采的镍钼矿石样品（$n=6$）的微量元素富集趋势相一致，其中，Ba、U、V、Sr、Cu、

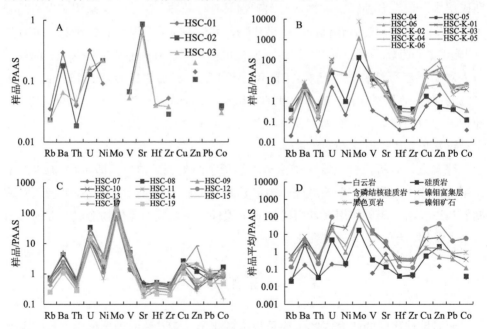

图 3-7　三岔剖面黑色岩系及矿石相对 PAAS 的微量元素蛛网图

A. 白云岩样品；B. 硅质岩、含磷结核硅质岩、镍钼富集层、镍钼矿石；C. 黑色页岩；D. 白云岩、硅质岩、含磷结核硅质岩、镍钼富集层、镍钼矿石平均值

表 3-2　三岔镍钼多金属矿床岩系微量元素组成

样品编号	岩性	V /ppm	Cr /ppm	Co /ppm	Ni /ppm	Cu /ppm	Zn /ppm	Ga /ppm	Rb /ppm	Sr /ppm	Zr /ppm	Nb /ppm	Mo /ppm	Sn /ppm	Cs /ppm	Ba /ppm	Hf /ppm	Ta /ppm	W /ppm	Pb /ppm	Th /ppm	U /ppm	V/Cr	U/Th
HSC-19	黑色页岩	408	30	11	136	53	52	6.9	40.6	58.8	43	3.5	133	1	2.32	701	1.1	0.2	6	10	4.16	45.4	13.6	10.91
HSC-17	黑色页岩	612	50	21.7	215	89	182	10.7	69.2	59.8	65	5.8	151	2	4.69	1050	1.7	0.8	6	18	6.38	55.1	12.24	8.64
HSC-15	黑色页岩	308	40	26.4	151	113	196	10.5	69.7	31.9	62	5.5	123	2	4.29	1190	1.6	0.7	6	21	6.04	55.9	7.7	9.25
HSC-14	黑色页岩	1130	50	21.6	243	97	712	8.9	63.9	33.5	52	4.4	140	2	4.21	995	1.4	0.7	5	8	5.2	37.8	22.6	7.27
HSC-13	黑色页岩	360	60	3.5	36	33	22	12.8	93.6	37.5	77	6.9	65	2	6.62	1605	2.2	0.9	5	29	4.58	26.4	6	5.76
HSC-12	黑色页岩	219	60	18.9	63	83	30	13.9	99.3	74.6	81	7.2	67	2	7.62	1600	2.3	0.9	6	17	7.61	37.1	3.65	4.88
HSC-11	黑色页岩	248	60	16.3	108	78	38	14	99	63.3	79	7.1	67	2	7.46	1520	2.2	0.8	6	15	7.37	33	4.13	4.48
HSC-10	黑色页岩	206	60	27.4	86	97	131	15.2	108	66	86	8.2	82	2	7.99	1805	2.4	1	6	18	8.6	51.5	3.43	5.99
HSC-09	黑色页岩	730	80	30	229	108	50	16.2	119	49.7	99	9	255	3	8.56	3320	2.7	1	6	25	10.5	88.5	9.13	8.43
HSC-08	黑色页岩	762	80	38.4	193	133	102	15.5	117	84.4	96	9.1	228	2	8.31	2820	2.6	1	6	12	9.67	105.5	9.53	10.91
HSC-07	黑色页岩	202	60	20.9	82	75	27	13.3	94.9	104.5	74	7	71	2	7.26	1335	2.1	0.8	6	13	6.97	43	3.37	6.17

续表

样品编号	岩性	V /ppm	Cr /ppm	Co /ppm	Ni /ppm	Cu /ppm	Zn /ppm	Ga /ppm	Rb /ppm	Sr /ppm	Zr /ppm	Nb /ppm	Mo /ppm	Sn /ppm	Cs /ppm	Ba /ppm	Hf /ppm	Ta /ppm	W /ppm	Pb /ppm	Th /ppm	U /ppm	V/Cr	U/Th
HSC-06	富集层	2430	1030	8.4	1260	272	555	15.4	99.8	449	63	7.4	1195	2	7.85	5000	1.6	0.8	5	13	5.56	105	2.36	18.88
HSC-05	磷结核硅质岩	1815	520	2.8	54	87	44	13.8	64.4	490	86	9.7	134	1	5.53	2960	2.3	0.7	6	8	8.29	78.6	3.49	9.48
HSC-04	硅质岩	53	80	0.9	12	29	169	1.8	3.3	27.7	10	0.4	17	1	0.58	1690	0.2	0.3	4	<5	0.5	15	0.66	30
HSC-03	白云岩	8	<10	0.7	12	<5	17	1.2	3.7	119	8	0.5	<2	<1	0.13	42.6	0.2	0.1	1	<5	0.66	0.51	—	0.77
HSC-02	白云岩	10	<10	0.9	12	<5	9	0.9	3.7	172.5	6	0.3	<2	<1	0.1	116	<0.2	0.1	1	<5	0.27	0.4	—	1.48
HSC-01	白云岩	<5	<10	0.8	5	<5	12	1.3	5.6	159.5	11	0.6	<2	<1	0.22	191.5	0.2	0.1	1	<5	0.58	0.99	—	1.71
HSC-K-01	镍钼矿石	2780	220	84.4	>10 000	821	3450	8.8	17.7	1375	22	1.1	>10 000	3	5.6	>10 000	0.6	0.2	14	73	2	339	12.64	169.5
HSC-K-02	镍钼矿石	876	80	144	>10 000	1380	7990	22.8	19.1	1660	30	1.7	8000	4	1.74	5550	1	0.2	28	43	7.01	>1000	10.95	—
HSC-K-03	镍钼矿石	2670	120	150.5	>10 000	999	1590	9.7	23.1	390	26	1.5	>10 000	3	4.6	3790	0.8	0.1	14	107	2.48	261	22.25	105.24
HSC-K-04	镍钼矿石	2740	130	156.5	>10 000	937	1755	8.3	20	330	23	1.3	>10 000	3	4.67	2380	0.5	0.1	14	116	2.26	291	21.08	128.76
HSC-K-05	镍钼矿石	3270	160	145	>10 000	994	3430	12.8	27.3	527	30	1.8	>10 000	3	5.48	2240	0.8	0.2	12	96	2.89	373	20.44	129.07
HSC-K-06	镍钼矿石	2830	140	133.5	>10 000	981	2430	10.9	25	431	29	1.7	>10 000	3	4.35	2370	0.7	0.1	11	72	2.57	277	20.21	107.78

Zn、Pb、Co 等元素在矿石中有着更显著的富集；矿层上部黑色页岩（n=11）同样富集有多种微量元素，其中 Ba、U、V、Ni、Mo 与镍钼富集层及矿石有着类似的富集趋势，其含量相对于 PAAS，富集系数分别为 1.08~5.11（平均 2.51）、8.52~34.03（平均 16.99）、1.35~7.53（平均 3.14）、0.65~4.42（平均 2.55）、65~255（平均 125.64），但其富集系数均低于镍钼矿石，如镍钼矿石的 Ba、U、V 含量相对于 PAAS，其富集系数分别为 3.45~8.54（平均 5.02）、84.19~120.32（平均 99.42）、5.84~21.80（平均 16.85）。

综上所述，根据剖面的微量元素组成特征，发现三岔剖面样品（除灯影组白云岩）的微量元素总体富集趋势一致，即镍钼矿石相对于上下围岩具有较高的富集系数，表明矿石与围岩可能经历了类似的地质作用。镍钼矿石中 Cu、Pb、Zn 有较高的含量，反映了其形成可能与热液（水）活动的参与有关。

2. 典型微量元素比值

Th、Zr 元素在海水中的停留时间很短，会很快进入沉积物中，为反映陆源来源的元素（Jones and Manning, 1994）。剖面样品 Th 的含量为 0.27~10.05 ppm，平均为 4.88 ppm，其中，白云岩平均为 0.50 ppm（n=3）、硅质岩与含磷结核硅质岩平均为 4.40 ppm（n=2）、黑色页岩平均为 7.01 ppm（n=11）、镍钼富集层与镍钼矿石平均为 3.54 ppm，均低于上地壳的含量 10.7 ppm。Zr 的含量为 6~99 ppm，平均为 50.34 ppm，其中，白云岩平均为 8.33 ppm（n=3）、硅质岩与含磷结核硅质岩平均为 48.00 ppm（n=2）、黑色页岩平均为 74.00 ppm（n=11）、镍钼富集层与镍钼矿石平均为 31.86 ppm，均低于上地壳的含量 190 ppm，表明样品中的陆源成分较少。同时，黑色页岩中的 Th、Zr 相关性较好（R^2=0.7765），而白云岩与镍钼矿石的相关性较差（R^2 分别为 0.4515、0.3212）（图 3-8），表明黑色页岩受到的陆源影响明显高于白云岩与镍钼矿石。

高场强元素在自然界中性质稳定，可以反映物源（Jones and Manning, 1994; Wignall and Twitchett, 1996）。图 3-9 显示了这类元素的 Hf-Zr、Ta-Nb、Ba-Sr、Zn-Cu 图解，图 3-9A 和 B 显示了镍钼矿石相对于黑色页岩，有着相对较低的 Hf、Zr、Nb、Ta，表明镍钼矿石受到陆源的影响较小。图 3-9C 和 D 显示出了镍钼矿石有着较高的 Ba、Sr、Cu、Zn 含量，表明镍钼矿石受到较明显的热液作用的影响。

氧化还原敏感元素 U、V、Mo、Cr、Co、Ni、Cd 等可以指示沉积物形成时的氧化还原条件以及是否受到热液（水）作用影响等（Hatch and Leventhal, 1992; Zhou and Jiang, 2009）。如 V/Cr 值可作为古沉积氧化还原环境的微量元素指标，

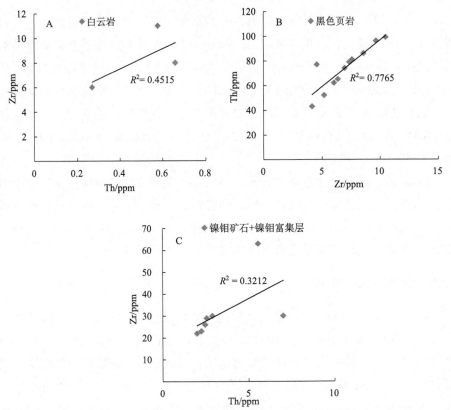

图 3-8　三岔剖面白云岩、黑色页岩与镍钼矿石样品 Th-Zr 相关性图解

岩石中 V/Cr<2 和>2 时分别表示氧化和缺氧环境（Dill, 1986）。三岔剖面样品 V/Cr
值变化较大（表 3-2），硅质岩的 V/Cr 值为 0.66，表明形成于氧化环境，含磷结
核硅质岩的 V/Cr 值为 3.49，镍钼富集层为 2.36，镍钼矿石为 10.95～22.25（平均
17.93），黑色页岩为 3.37～22.60（平均 8.67），表明其形成于还原环境，显示出
三岔地区在晚震旦世至早寒武世的古沉积环境从氧化逐渐过渡到还原。

U/Th 值可以反映沉积物的形成环境，通常情况下热液（水）沉积形成的沉积
物的 U/Th 值往往大于 1，而正常海洋沉积物的 U/Th 值往往小于 1（Rona and Scott，
1993）。三岔剖面白云岩的 U/Th 值为 0.77～1.71，平均 1.32，硅质岩与含磷结核硅质
岩的 U/Th 值分别为 30.00 与 9.48，黑色页岩的 U/Th 值为 4.48～10.91，平均 7.52，
镍钼富集层与镍钼矿石的 U/Th 平均值分别为 18.88 与 128.07。由此可见，不同岩性
之间的 U/Th 值变化较大，但总体均大于 1，反映三岔地区在晚震旦世至早寒武世受
到不同程度的热液（水）作用影响，特别是黑色页岩以及矿层赋含有机质，U/Th 值
很高，可能反映了有机质对 U 的富集作用，尤其在矿层处，U 更进一步富集。

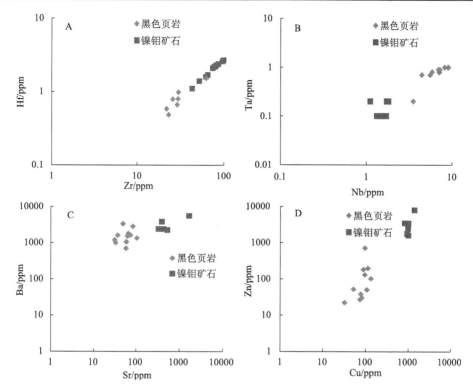

图 3-9　微量元素 Hf-Zr（A）、Ta-Nb（B）、Ba-Sr（C）、Zn-Cu（D）相关图解

3.3.2　稀土元素地球化学

1. 基本特征

三岔剖面样品的稀土元素含量见表 3-3，总体而言，变化较大。其中，白云岩与硅质岩的稀土元素总量较低，分别平均为 18.63 ppm（n=3）与 11.24 ppm（n=1）；含磷结核硅质岩的稀土元素总量为 615.66 ppm（n=1）；黑色页岩有着较高的稀土元素总量，为 69.44～139.15 ppm，平均为 101.35 ppm（n=11）；镍钼富集层与矿石样品的稀土元素总量最高，为 162.82～2282.22 ppm，平均为 675.82 ppm（n=7）。整个剖面样品的稀土元素呈明显的轻稀土富集，轻和重稀土含量比值（L/H）为 2.70～11.21，平均为 6.02，其中，白云岩为 4.11，硅质岩为 2.70，含磷结核硅质岩为 3.37，黑色页岩为 7.20，镍钼富集层与镍钼矿石为 5.83。显示出黑色页岩的轻稀土元素富集程度最高，其次为镍钼富集层与镍钼矿石样品，最低为硅质岩，反映了黑色页岩受陆源物质影响最大。

表 3-3　三岔镍钼多金属矿床岩系稀土元素组成

样品编号	La /ppm	Ce /ppm	Pr /ppm	Nd /ppm	Sm /ppm	Eu /ppm	Gd /ppm	Tb /ppm	Dy /ppm	Ho /ppm	Er /ppm	Tm /ppm	Yb /ppm	Lu /ppm	Y /ppm	总计 /ppm	LREE /ppm	HREE /ppm	L/H	(La/Yb)$_N$	Y/Ho	δCe	δEu
HSC-19	18.7	39.9	3.96	15	3.36	0.7	3.27	0.49	3.2	0.64	1.79	0.24	1.52	0.22	25.4	92.99	81.62	11.37	7.18	0.91	39.69	1.06	0.99
HSC-17	20.3	39.6	4.24	16.6	3.18	0.69	3.61	0.55	3.22	0.69	2.2	0.3	1.99	0.3	24.7	97.47	84.61	12.86	6.58	0.75	35.80	0.96	0.96
HSC-15	16.3	33	3.56	13.9	2.78	0.68	2.91	0.47	2.92	0.6	1.92	0.27	1.86	0.28	19.9	81.45	70.22	11.23	6.25	0.65	33.17	0.98	1.13
HSC-14	14.1	27.3	3.03	11.9	2.43	0.59	2.74	0.43	2.6	0.58	1.72	0.24	1.52	0.26	19.7	69.44	59.35	10.09	5.88	0.68	33.97	0.94	1.08
HSC-13	18.8	33.4	3.31	11.6	1.76	0.32	1.7	0.24	1.34	0.3	1.09	0.15	1.16	0.19	9.5	75.36	69.19	6.17	11.21	1.19	31.67	0.95	0.87
HSC-12	21.9	44	4.62	17.6	3.39	0.75	3.61	0.55	3.23	0.68	2.07	0.3	2.05	0.32	20.5	105.07	92.26	12.81	7.20	0.79	30.15	1.00	1.01
HSC-11	21.1	42.1	4.5	17.5	3.47	0.73	3.66	0.52	3.11	0.65	2.2	0.28	2.14	0.32	19.8	102.28	89.40	12.88	6.94	0.73	30.46	0.98	0.96
HSC-10	27.2	57.7	6.26	24.2	4.9	1.11	5.08	0.78	4.56	0.96	2.92	0.41	2.69	0.38	30.2	139.15	121.37	17.78	6.83	0.75	31.46	1.02	1.05
HSC-09	28.1	56.2	6.22	24.1	4.43	1.05	4.89	0.72	4.21	0.86	2.71	0.39	2.48	0.38	25.1	136.74	120.10	16.64	7.22	0.83	29.19	0.97	1.06
HSC-08	23.9	44.7	5.04	19.7	3.82	0.83	3.88	0.62	3.49	0.76	2.37	0.35	2.28	0.36	23.6	112.10	97.99	14.11	6.94	0.77	31.05	0.92	1.02
HSC-07	21.3	42.2	4.5	17.6	3.56	0.78	3.51	0.53	3.3	0.67	2.19	0.29	2.06	0.32	20.7	102.81	89.94	12.87	6.99	0.76	30.90	0.97	1.04
HSC-06	34.4	41.7	7.91	35.1	7.96	2.38	9.72	1.52	8.81	1.87	5.48	0.74	4.58	0.65	75	162.82	129.45	33.37	3.88	0.55	40.11	0.55	1.27
HSC-05	134.5	123	32.3	144.5	32.7	7.62	40.4	6.31	37.7	8.44	24.6	3.13	17.9	2.56	347	615.66	474.62	141.04	3.37	0.55	41.11	0.41	0.99
HSC-04	2	2.3	0.56	2.6	0.6	0.14	0.72	0.11	0.72	0.18	0.56	0.09	0.57	0.09	6.4	11.24	8.20	3.04	2.70	0.26	35.56	0.48	1.00
HSC-03	5.1	4.4	1.27	5.9	1.37	0.3	1.55	0.25	1.54	0.33	1.05	0.13	0.79	0.11	13.2	24.09	18.34	5.75	3.19	0.48	40.00	0.38	0.97

续表

样品编号	La/ppm	Ce/ppm	Pr/ppm	Nd/ppm	Sm/ppm	Eu/ppm	Gd/ppm	Tb/ppm	Dy/ppm	Ho/ppm	Er/ppm	Tm/ppm	Yb/ppm	Lu/ppm	Y/ppm	总计/ppm	LREE/ppm	HREE/ppm	L/H	(La/Yb)$_N$	Y/Ho	δCe	δEu
HSC-02	2.8	2.3	0.58	2.3	0.46	0.14	0.49	0.07	0.43	0.09	0.26	0.04	0.2	0.03	3.4	10.19	8.58	1.61	5.33	1.03	37.78	0.40	1.39
HSC-01	5.2	4.7	1.09	4.8	1.06	0.27	1.26	0.19	1.19	0.27	0.79	0.1	0.59	0.09	11.7	21.60	17.12	4.48	3.82	0.65	43.33	0.43	1.10
HSC-K-01	125.5	151.5	25	106	21.4	4.85	23.8	3.36	20.7	4.22	11.4	1.36	7.07	0.95	238	507.11	434.25	72.86	5.96	1.31	56.40	0.59	1.01
HSC-K-02	651	757	98.5	409	76.9	17.35	88.8	11.95	76.4	16.55	44	5.25	26.2	3.32	1080	2282.22	2009.75	272.47	7.38	1.83	65.26	0.62	0.99
HSC-K-03	99.2	105.5	18.45	78	16.95	3.58	17.85	2.52	16.05	3.32	8.79	1.07	5.36	0.72	184.5	377.36	321.68	55.68	5.78	1.36	55.57	0.53	0.97
HSC-K-04	100.5	112	19.55	82.7	18.45	3.63	18.8	2.62	16.2	3.41	8.96	1.14	5.55	0.71	187.5	394.22	336.83	57.39	5.87	1.33	54.99	0.55	0.92
HSC-K-05	152.5	159.5	27.4	115.5	24.6	5.14	25.6	3.59	22.5	4.75	12.7	1.49	7.44	1.02	278	563.73	484.64	79.09	6.13	1.51	58.53	0.53	0.96
HSC-K-06	118	122	21.4	93.2	19.8	4.2	21	2.87	18.2	3.93	10.4	1.22	6.28	0.81	219	443.31	378.60	64.71	5.85	1.38	55.73	0.52	0.97

将三岔剖面各岩性样品（Sample）的稀土元素用澳大利亚后太古代页岩（PAAS）做标准化，取其对数值作图得出稀土配分曲线（图 3-10）。图 3-10A、B、C 分别是白云岩与硅质岩、含磷结核硅质岩与镍钼矿石（含富集层）、黑色页岩的稀土配分型式图解，图 3-10D 为白云岩、硅质岩、含磷结核硅质岩、镍钼富集层、黑色页岩与镍钼矿石平均后的标准化配分型式。从图 3-10 中可看出：①各岩性稀土元素 Sample/PAAS 的对数值分布范围不一致，硅质岩与白云岩的值在 0.1 上下；黑色页岩的值在 0.1～1 之间，接近于 1；而含磷结核硅质岩、镍钼矿石（含富集层）的范围主要集中于 1～10 之间。总体显示出矿层较 PAAS 更富集稀土元素。②δCe（Ce/Ce*）取 $2Ce_N/(La_N+Pr_N)$，各岩性之间有变化，其中，白云岩的 δCe 最低，为 0.38～0.43，平均 0.40；硅质岩的 δCe 为 0.48，含磷结核硅质岩的 δCe 为 0.41；镍钼矿石与富集层的 δCe 为 0.52～0.62，平均 0.55；相对而言，黑色页岩 δCe 最高，为 0.92～1.06，平均 0.98。③δEu 取 $Eu/Eu^*=Eu_N/(Sm_N \times Gd_N)^{0.5}$，与 δCe 不同，各岩性之间的 δEu 值变化较小，其中，白云岩的 δEu 为 0.97～1.39，平均 1.15；硅质岩与含磷结核硅质岩分别为 1.00 和 0.99；镍钼富集层的 δEu 为 1.27；镍钼矿石的 δEu 为 0.92～1.01，平均 0.97；黑色页岩的 δEu 为 0.87～1.13，平均为 1.02。

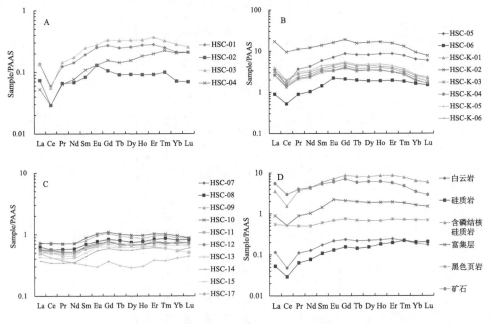

图 3-10　三岔剖面样品的澳大利亚后太古代页岩标准化稀土配分型式图解

A.白云岩、硅质岩；B.含磷结核硅质岩、镍钼矿石及富集层；C.黑色页岩；D.各岩性样品稀土平均值

总体而言，黑色页岩的标准化图接近水平，表明其成因可能与澳大利亚后太古代页岩基本一致，而白云岩、硅质岩、镍钼富集层、镍钼矿石的标准化图均呈现明显的 δCe 异常，且各岩性 Sample/PAAS 稀土对数值的分布范围也不一致，显示出镍钼富集层有着最高的稀土元素含量。海水中稀土元素的浓度通常较低，大陆风化碎屑输入与海底热液喷发为海水稀土元素最主要的来源，而根据前面的分析，已知镍钼矿石中的陆源碎屑输入较黑色页岩少，因此反映了海底热液为镍钼矿石带来了大量稀土元素。

δCe 异常在热液（水）沉积物中往往呈现出负异常（Barrett et al., 1990; Sholkovitz and Schneider, 1991）。三岔剖面样品各岩性的 δCe 异常区分比较明显，由此可见，三岔地区在晚震旦世至早寒武世时处于热液（水）沉积环境。

δEu 异常，特别是 Eu 正异常普遍发现于与海底块状硫化物矿床有关的矿石与化学沉积物中，因而通常被用作海底热液输入的示踪剂（Steiner et al., 2001; Jiang et al., 2006）。可见，白云岩与镍钼富集层表现为 δEu 正异常，硅质岩与镍钼矿石表现出不明显的负异常，反映镍钼矿石的形成除受到热液（水）作用，还可能受到其他因素影响，即矿床成因可能并不是简单的非此（海水）即彼（热水），而是有此有彼，这与我们前面通过矿物学特征研究形成的认识一致。

2. 典型参数

稀土元素可以有效示踪其自身的形成沉积环境与成因（Lottermoser, 1989; Steiner et al., 2001）。Ce-La 与 Sm-La 相关图解可以反映成岩过程所遭受地质作用的差异（Jiang et al., 2006）。将各岩性的稀土元素 Ce-La 与 Sm-La 作相关图（图3-11），可以发现白云岩、黑色页岩与镍钼矿石的稀土含量各不相同，反映它们的成因可能存在差异。

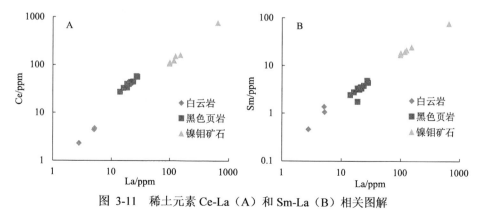

图 3-11　稀土元素 Ce-La（A）和 Sm-La（B）相关图解

Y/Ho 值是一个可以用来反映陆源来源的指标,现代海水以及海底热液流体的 Y/Ho 值与球粒陨石特征类似,为 44~47,而陆源碎屑的 Y/Ho＝28(Bau, 1996; Jiang et al., 2006)。三岔镍钼矿床白云岩的 Y/Ho 值为 37.78~43.33,平均为 40.37; 黑色页岩为 29.19~39.69,平均为 32.50;镍钼富集层为 40.11;镍钼矿石为 54.99~ 65.26,平均为 57.74(表 3-3,图 3-12)。可见,白云岩、黑色页岩及镍钼富集层 的稀土元素来源为陆源碎屑与海水的混合。镍钼矿石中如此高的 Y/Ho 值,反映 了矿石中的稀土元素主要是水成的,结合稀土元素含量,表明稀土元素来自海底 热液流体与海水的混合。

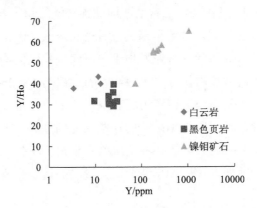

图 3-12　三岔镍钼多金属矿床 Y/Ho-Y 相关图解

上述稀土元素的基本特征中,镍钼富集层与镍钼矿石有着一致的特征,但与 围岩有差异。镍钼富集层与镍钼矿石有着最高的稀土元素含量,较明显的 δCe 负 异常(平均为 0.55),部分样品具明显的 δEu 正异常,反映了镍钼富集层与镍钼 矿石的形成受到明显的热液喷流作用。而黑色页岩的轻稀土富集,δCe 值接近 1 (平均为 0.98),δEu 值接近 1(1.02),反映受到热液(水)作用较弱,更多地受 到陆源碎屑的影响,这点从稀土元素配分模式图接近水平也可看出。结合稀土元 素典型参数比值特征,可以看出二者成因的差异。而硅质岩,特别是含磷结核硅 质岩的特征(硅质岩的 δCe 为 0.48,含磷结核硅质岩的 δCe 为 0.41;硅质岩与含 磷结核硅质岩的 δEu 分别为 1.00 和 0.99)与镍钼富集层和镍钼矿石类似,可能反 映硅质岩形成受到了热液(水)作用的影响。

3.4　有机地球化学

有机地球化学是地球化学领域的一个重要分支，主要研究地质体中有机质的组成、结构、起源和演化，包括有机质的分布和类型等，在很多学科的研究中得到广泛应用，如石油、煤、金属和非金属元素、生命起源、环境、黏土矿物等的研究（Tissot and Welte，1984; Peters et al., 2005）。其中，金属及非金属元素的有机地球化学是一个受到广泛关注的研究领域，许多沉积矿床的成因与有机质有着十分密切的联系，有机质在成矿元素（如镍、钼、钒、铀、铂、金、银、磷、钡等）的迁移和富集过程中起着重要作用，如吸附、化学沉积、形成较稳定的有机–金属络合物，以及对环境的改造等（叶连俊，1998；卢家烂等，2004）。三岔镍钼多金属矿床富含有机质，本次工作对三岔剖面样品进行了较系统的有机地球化学研究，用于探讨有机质的来源、成熟度，以及其对矿床成因的指示等。

3.4.1　基础有机地球化学

有机碳（TOC）含量是常见的用来表征有机质丰度的指标参数（Tissot and Welte, 1984）。样品采自三岔剖面上震旦统灯影组白云岩（$n=1$）以及下寒武统牛蹄塘组硅质岩（$n=1$）、含磷结核硅质岩（$n=1$）、镍钼富集层（$n=1$）和黑色页岩（$n=6$）。对其进行基础有机地球化学特征的研究，其有机碳、硫、氯仿沥青"A"含量及沥青反射率数据见表 3-4，剖面变化特征见图 3-13。

表3-4　三岔剖面样品有机碳、硫、氯仿沥青"A"含量以及沥青反射率

样号编号	样品类型	TOC/%	S/%	氯仿沥青"A"/10^{-6}	沥青反射率/%
HSC-02	白云岩	0.08	0.03	43.50	2.15
HSC-04	硅质岩	0.58	0.94	68.94	2.37
HSC-05	含磷结核硅质岩	2.24	2.07	14.53	4.41
HSC-06	镍钼富集层	7.09	16.01	19.58	3.36
HSC-08	黑色页岩	7.91	5.00	17.25	4.97
HSC-10	黑色页岩	7.31	3.19	20.02	5.16
HSC-12	黑色页岩	6.70	2.98	12.40	5.29
HSC-14	黑色页岩	9.84	2.23	24.22	4.75
HSC-17	黑色页岩	10.01	2.41	15.08	4.30
HSC-19	黑色页岩	7.50	3.05	17.35	4.42

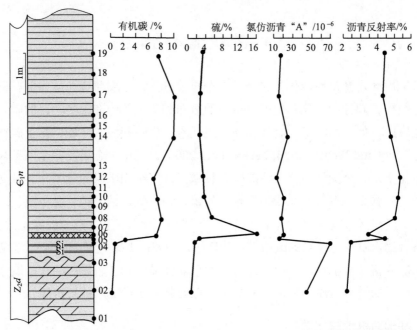

图 3-13　三岔剖面样品有机碳、硫、氯仿沥青"A"与沥青反射率剖面变化图

三岔剖面样品有机碳与硫含量随岩性变化明显,灯影组白云岩有机碳含量很低,为 0.08%;牛蹄塘组硅质岩与含磷结核硅质岩的有机碳含量相对于白云岩有所增加,分别为 0.58% 与 2.24%;而镍钼富集层与黑色页岩的有机碳含量显著提高,其中镍钼富集层有机碳含量为 7.09%,黑色页岩有机碳含量为 6.70%～10.01%,平均为 8.21%。硫含量与有机碳含量的变化基本类似,白云岩与硅质岩的硫含量较低,分别为 0.03% 与 0.94%;含磷结核硅质岩为 2.07%;镍钼富集层的硫含量最高,达 16.01%;黑色页岩也有着较高的硫含量,为 2.23%～5.00%,平均为 3.14%,仅次于镍钼富集层。由此可见,三岔剖面自早寒武世起,有机质的输入逐渐增多,硫的输入经历了镍钼富集层处的高峰后,逐渐稳定。

氯仿沥青"A"含量也是常见的表征有机质丰度的重要指标之一(Tissot and Welte, 1984),系指岩样用氯仿做溶剂在索氏抽提器中抽提所获得的可溶有机质。三岔剖面各岩性样品的氯仿沥青"A"含量较低,均小于 $100×10^{-6}$,低于生油门限。氯仿沥青"A"的含量与有机碳、硫的含量变化特征相反,白云岩与硅质岩的氯仿沥青"A"含量相对较高,分别为 $43.50×10^{-6}$ 和 $68.94×10^{-6}$;含磷结核硅质岩的氯仿沥青"A"含量为 $14.53×10^{-6}$;镍钼富集层为 $19.58×10^{-6}$;黑色页岩的氯仿沥青"A"含量为 $12.40×10^{-6}$～$24.22×10^{-6}$,平均为 $17.72×10^{-6}$。这种特征反映矿层处可能经历了较高的成熟度演化，造成初始有机碳含量高的地方反而有机质损耗多，所以残留下的可溶有机碳含量反而小。

这得到了沥青反射率分析测试的佐证。沥青反射率是用来反映有机质成熟演化的一个常见指标（Tissot and Welta，1984）。剖面不同岩性的沥青反射率均较高，分布在 2.15%～5.29%之间，其中，白云岩与硅质岩分别为 2.15%和 2.37%，含磷结核硅质岩为 4.41%，镍钼富集层为 3.36%，黑色页岩为 4.30%～5.29%，平均为 4.82%，显示出三岔剖面样品经历了较高的热成熟演化。并且有意义的是，不同样品的沥青反射率并没有与样品深度之间展现出一定的线性关系，说明这种高的热演化很可能是热流体作用造成的，指示矿床形成可能与热液（水）作用有关。

3.4.2 生物标志化合物

生物标志化合物是指沉积有机质或矿物燃料（如原油和煤）中那些来源于活的生物体，在有机质演化过程中具有一定稳定性，基本保存了原始化学组分的碳骨架特征，没有或较少发生变化，记录了原始生物母质特殊分子结构信息的有机化合物（Peters et al.，2005）。研究生物标志化合物具有重要意义，可广泛用于指示有机质的生物来源特征和反映有机质的成熟演化程度及沉积环境等（王铁冠，1990; Peters et al.，2005）。本次工作通过对样品进行 GC 和 GC-MS 分析，发现所有样品中均检出了丰富的正构烷烃、类异戊二烯烃、萜类和甾类化合物。

1. 正构烷烃

正构烷烃广泛存在于生物体内，其碳数分布特征和碳优势指数不仅能反映母质输入的差异，而且能体现沉积环境特征（Peters et al.，2005）。三岔剖面序列中不同层位的样品均检出了具有相似分布特征的正构烷烃系列（图3-14，表3-5）。在饱和烃气相色谱图上，各岩性均呈典型的单峰型分布，且所有样品主峰碳均为 C_{18}，表现为前高单峰。$\sum C_{21}^-/\sum C_{22}^+$ 为 2.31～8.84，平均为 3.93，具显著的低碳数优势。这两个特征反映了有机质来源与浮游生物、藻类及细菌生物有关，并且有机质的成熟演化程度较高（Clark and Blumer，1967; Han and Calvin，1969; Peters et al.，2005）。三岔剖面样品的奇偶优势（OEP）变化范围较窄，为 0.44～0.79，平均为 0.61，表现出强烈的偶碳优势，反映出还原的沉积环境，沉积水体盐度较高（Peters et al.，2005）。

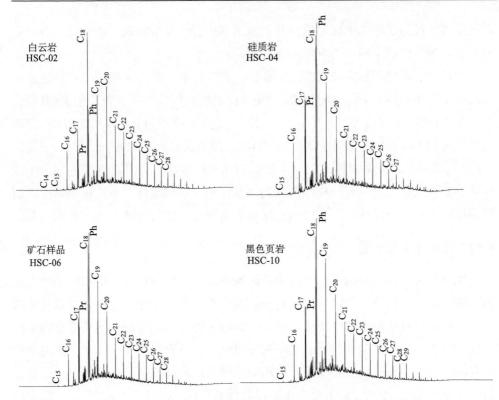

图 3-14　三岔剖面样品饱和烃气相色谱图

表 3-5　三岔剖面样品黑色岩系饱和烃气相色谱分析结果

样品编号	岩性	主峰碳	$\sum C_{21}^-$ $/\sum C_{22}^+$	奇偶优势（OEP）	姥鲛烷/正十七烷（Pr/nC$_{17}$）	植烷/正十八烷（Ph/nC$_{18}$）	姥鲛烷/植烷（Pr/Ph）
HSC-02	白云岩	C$_{18}$	2.31	0.53	0.79	0.60	0.45
HSC-04	硅质岩	C$_{18}$	3.99	0.79	1.29	1.55	0.53
HSC-05	磷硅质岩	C$_{18}$	2.92	0.44	1.11	0.80	0.29
HSC-06	镍钼矿石	C$_{18}$	3.75	0.68	1.37	1.44	0.42
HSC-08	黑色页岩	C$_{18}$	2.35	0.47	1.36	1.01	0.46
HSC-10	黑色页岩	C$_{18}$	3.07	0.72	1.26	1.48	0.40
HSC-12	黑色页岩	C$_{18}$	2.70	0.55	1.11	1.00	0.21
HSC-14	黑色页岩	C$_{18}$	3.29	0.65	1.56	1.68	0.46
HSC-17	黑色页岩	C$_{18}$	6.07	0.52	1.28	1.27	0.38
HSC-19	黑色页岩	C$_{18}$	8.84	0.72	1.51	1.82	0.42

2. 类异戊二烯烃

类异戊二烯烃主要是姥鲛烷（Pr）和植烷（Ph），它们是指示沉积环境的重要标志物。地层中的姥鲛烷及植烷的前身物是植醇，植醇通过氧化形成姥鲛烷，通过还原形成植烷，故 Pr/Ph 值可很好地反映成岩时的氧化还原环境（Volkman and Maxwell, 1986；李任伟等，1988）。在强还原、高盐度的沉积环境中，常有强烈的植烷优势，即当 Pr/Ph<1 时，指示还原环境；而在氧化环境中，植烷丰度明显减弱。需要注意的是，Pr/Ph 值会受成熟度的影响，并往往随成熟度增加而增加（Peters et al., 2005）。此外，姥鲛烷（Pr）和植烷（Ph）也可用作有机质母质来源的判别标志，Volkman 和 Maxwell（1986）曾指出姥鲛烷和植烷来源于叶绿素 a 的植醇侧链，以及可能来自古细菌类脂物、脱羟基维生素 E。

三岔剖面样品均检测出一定量的类异戊二烯烃（图 3-14，表 3-5），其中最主要的是姥鲛烷（Pr）和植烷（Ph）。样品的 Pr/nC_{17} 值变化范围较大，其中白云岩为 0.79，表现出正十七烷具优势；硅质岩、镍钼矿石及黑色页岩的 Pr/nC_{17} 值为 1.11～1.56，表现出姥鲛烷具优势，反映了生物母质中低等菌藻类输入的特征。与此类似，Ph/nC_{18} 值变化范围也较大，其中，白云岩为 0.60，表现出正十八烷占优势；硅质岩与含磷结核硅质岩分别为 1.55、0.80，镍钼矿石为 1.44，黑色页岩为 1.00～1.82，表现为植烷占优势，也反映出生物母质中低等菌藻类的输入特征。三岔剖面样品的 Pr/Ph 值变化范围较小，在 0.21～0.53，具有强烈的植烷优势，反映成岩环境为较强的还原环境，姥鲛烷及植烷应来自具叶绿素的自养生物，而寒武纪具叶绿素的生物主要为藻类，故样品中检出的植烷及姥鲛烷的母质应为藻类。

3. 萜类

三岔剖面样品中检出了丰富的萜类化合物，包括三环萜烷、五环三萜烷和少量的四环萜烷（图 3-15，表 3-6）。其相对丰度为三环萜烷＞五环三萜烷＞四环萜烷，反映出生物母质中低等菌藻类输入的特征，以及可能的较高有机质成熟演化特征，这与前述对链烷烃类的认识一致。在 m/z 191 质量色谱图上（图 3-15），三环萜烷碳数分布范围较宽，为 C_{19}～C_{29}，并以 C_{21}、C_{23} 为主峰，反映沉积水体有一定盐度（Peters et al., 2005），与前述链烷烃类所反映的认识也一致。

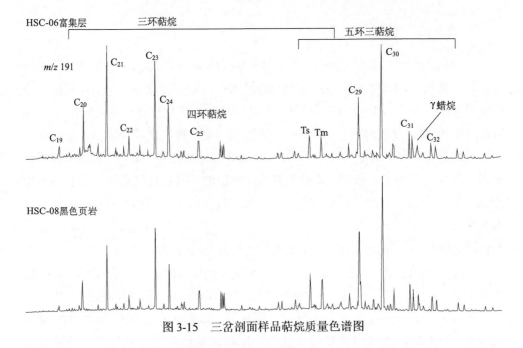

图 3-15　三岔剖面样品萜烷质量色谱图

表 3-6　三岔镍钼多金属矿床饱和烃气相质谱分析结果

样品号	样品名称	$C_{24}/(C_{24}+C_{26})$萜烷	Ts/Tm	γ蜡烷/C_{30}藿烷	孕甾烷/C_{29}甾烷	C_{27}/C_{29}甾烷	规则甾烷/Tm	$C_{29}\alpha\alpha\alpha$ 20S/(20S+20R)	重排甾烷/规则甾烷	C_{30}-4-甲基甾烷/C_{29}甾烷
HSC-02	白云岩	0.38	1.16	0.10	1.75	1.40	5.60	0.57	0.29	0.21
HSC-04	硅质岩	0.37	1.25	0.14	0.39	0.93	4.61	0.57	0.24	0.21
HSC-05	含磷硅质岩	0.35	1.09	0.14	0.47	1.15	6.22	0.53	0.22	0.20
HSC-06	镍钼富集层	0.36	1.08	0.15	1.04	1.11	6.65	0.52	0.23	0.23
HSC-08	黑色页岩	0.37	0.93	0.14	0.44	1.10	5.65	0.52	0.21	0.20
HSC-10	黑色页岩	0.37	1.02	0.17	1.70	1.39	8.17	0.48	0.24	0.20
HSC-12	黑色页岩	0.34	1.12	0.20	2.16	1.50	8.15	0.49	0.30	0.20
HSC-14	黑色页岩	0.33	1.00	0.13	0.53	1.32	6.24	0.50	0.31	0.22
HSC-17	黑色泥岩	0.36	1.02	0.14	0.62	1.11	6.03	0.52	0.24	0.22
HSC-19	黑色泥岩	0.42	1.00	0.20	2.31	1.21	5.80	0.50	0.23	0.21

　　C_{24} 四环萜烷通常被认为是反映沉积水体盐度高低的一个指征参数（Peters et al., 2005）。样品中检出了一定含量的四环萜烷，发现了 C_{24}、C_{25} 萜烷，C_{24} 四

环萜烷/（C_{24} 四环萜烷+C_{26} 三环萜烷）为 0.33～0.42，平均为 0.37，反映沉积水体具有一定盐度。

五环三萜烷碳数分布范围大多为 C_{27}～C_{35}，仅白云岩样品碳数分布范围在 C_{27}～C_{34}，未检出代表典型陆源输入的奥利烷和羽扇烷等非藿烷类。Ts/Tm 值受沉积环境和热演化成熟度影响，Ts/Tm<1 和 >1 通常分别指示高和低的盐度环境。此外，需要注意的是，这一比值还与热演化程度具有正相关关系（Moldowan et al.，1986；Peters et al.，2005）。三岔剖面样品中，白云岩 Ts/Tm 值为 1.16，硅质岩为 1.25，含磷结核硅质岩为 1.09，镍钼富集层为 1.08，黑色页岩为 0.93～1.12，平均为 1.01，总体反映了盐度由高到低的转变，镍钼层形成于有盐度的海水。

γ 蜡烷一般认为是沉积水体盐度的标志，γ 蜡烷/C_{30} 藿烷<1.0、1.0～2.0、>2.0 通常分别指示湖水、海水和盐湖的特征（Peters et al.，2005）。三岔样品普遍检出低丰度的 γ 蜡烷，样品 γ 蜡烷/C_{30} 藿烷值处于 0.10～0.20，平均为 0.15，反映当时海水盐度正常，与 OEP、Ts/Tm 所反映的认识吻合。

重排藿烷在地质体中分布并不普遍，相比而言，重排藿烷较新藿烷和藿烷类具有更高的热稳定性，即使在有机质高演化阶段，仍可保存下来。因此，丰富的重排藿烷可作为有机质高演化阶段的特征。三岔剖面样品藿烷主峰为 C_{30}-重排藿烷，表明样品的有机质演化程度比较高。

4. 甾类化合物

沉积物中的甾烷主要来源于生物体中的甾醇（Peters et al.，2005）。三岔样品中均检出了丰富的甾类化合物，在 m/z 217 质量色谱图上发现有孕甾烷（C_{21}～C_{22}）、规则甾烷（C_{27}～C_{29}）、重排甾烷（C_{27}、C_{29}）和 4-甲基甾烷（图 3-16）。

孕甾烷通常被认为与富含低等藻类输入的环境有关（Peters et al.，2005）。三岔剖面样品均检测出一定量的孕甾烷，孕甾烷/C_{29} 甾烷可较好反映孕甾烷的含量，剖面各岩性样品的这一比值变化较大，其中白云岩为 1.75；硅质岩和含磷结核硅质岩相对较低，分别为 0.39 和 0.47；镍钼富集层为 1.04；黑色页岩的为 0.44～2.31，平均为 1.29，总体显示出较高的孕甾烷含量，表明低等生物的贡献程度较高，与前述通过其他生物标志物分析所得出的认识基本一致。

规则甾烷是通常用来反映有机质母源输入情况的指标参数，其中 C_{27}、C_{28} 和 C_{29} 规则甾烷的相对组成可用来划分母质类型，C_{27} 甾烷主要来自低等水生生物与藻类，而陆生高等植物中的甾烷则以 C_{29} 甾烷为主（Huang and Meinschein，1978；Grantham，1986；Peters et al.，2005）。研究样品的白云岩规则甾烷 C_{27}、C_{28}、C_{29}

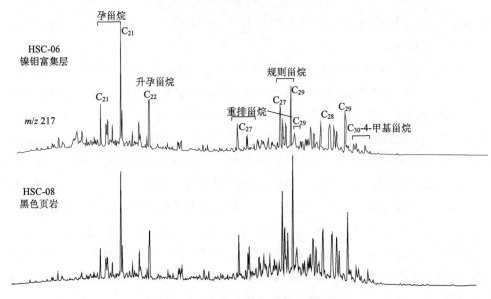

图 3-16　三岔剖面样品甾烷质量色谱图

百分比分别为 43.1%、28.7%、28.2%，其他各岩性样品的 C_{27}、C_{28}、C_{29} 百分比趋势一致，并且总体有 $C_{27} \approx C_{29} > C_{28}$ 的趋势，在 m/z 217 质量色谱图上显示为"V"型。硅质岩的 C_{27}、C_{28}、C_{29} 百分比分别为 34.3%、27.6%、38.1%，含磷结核硅质岩的百分比分别是 36.8%、29.0%、34.1%，镍钼矿石的百分比分别为 34.3%、29.4%、36.3%，黑色页岩的 C_{27}、C_{28}、C_{29} 百分比变化范围为 33.5%~39.3%（平均 36.6%）、28.1%~30.3%（平均 29.5%）、31.5%~36.3%（平均 33.9%），均显示出 C_{27} 甾烷占优势，反映出有机质来源主要为水生浮游植物和藻类。

重排甾烷主要检出了 C_{27}、C_{29}，其丰度大多为 $\sum C_{27} > \sum C_{29}$，仅 HSC-04 硅质岩样品表现为 $\sum C_{29} > \sum C_{27}$，也反映了有机质主要来源于低等生物。

w（规则甾烷）/w（Tm）值可用来反映真核生物与原核生物对有机质的贡献，高含量的甾烷以及高的 w（甾）/w（藿）值反映了浮游或底栖类生物的海相有机质特征（Moldowan et al., 1986）。三岔剖面样品的 w（规则甾烷）/w（Tm）值为 4.61~8.17，平均为 6.31，反映了有机质主要来源于浮游藻类。

在晚期成岩作用和后生作用阶段，甾烷在热力作用下往往发生一定变化，为研究有机质热演化提供了重要信息（Grantham, 1986）。由于 C_{27}、C_{28} 甾烷易与胆甾烷发生重合，故常用 C_{29} 甾烷 $\alpha\alpha\alpha$ 20S/（20S+20R）和 $\alpha\beta\beta$/（$\alpha\beta\beta+\alpha\alpha\alpha$）作为有机质成熟度的指标（Peters et al., 2005）。三岔剖面矿石与围岩样品的这两个比值均相近，前者为 0.48~0.57，平均为 0.52，后者为 0.37~0.40，平均为 0.39，均接近 0.5，表明该区在寒武纪早期经历了基本相同的、稳定的热演化趋势，且已达到成熟演化阶段。

4-甲基甾烷既可由甲藻（沟鞭藻）形成，也可由某些细菌产生（Boon et al., 1979; 傅家谟等，1985），在海洋和咸化湖泊环境中，含 4-甲基甾烷化合物被认为是甾醇、甾酮等的细菌生物酶的还原产物（傅家谟等，1985）。所有样品中均检测出 4-甲基甾烷，C_{30}-4-甲基甾烷/C_{29} 甾烷值为 0.20～0.23，平均为 0.21，表明沉积环境为咸水海洋环境。

3.5　硫同位素地球化学

硫在自然界中存在 4 种稳定性同位素——^{32}S、^{33}S、^{34}S、^{36}S，其丰度大致为 95.02%、0.75%、4.21%、0.02%（Macnamara and Thode, 1950）。根据其相对丰度，通常以 $^{34}S/^{32}S$ 来表示硫同位素的分馏。由于硫的化学性质十分活泼，能以不同的价态（如 S^{2-}、S_2^{2-}、S^0、S^{4+}、S^{6+}等）和形式存在于自然界，且不同价态含硫原子团富集 ^{34}S 的能力不同，导致硫同位素在环境介质中的分配发生改变，$\delta^{34}S$ 的变化范围可达 180‰（郑永飞和陈江峰，2000），从而为追溯地质过程提供了可能，可揭示地质与生态系统中硫的来源、迁移和转化（Mayer et al., 2001; Norman et al., 2002）。

3.5.1　硫同位素组成

对三岔镍钼矿床矿石的硫同位素进行研究，分析结果见表 3-7，总体分布在 –13.7‰～+3.9‰之间，平均为–4.5‰。在前文的矿物学特征研究中发现，镍钼矿石中硫主要赋存于镍钼硫化物、黄铁矿、黄铜矿、闪锌矿及少量的脉状重晶石等，即硫主要以硫化物的形式存在。因此，镍钼矿石的硫同位素主要代表了硫化物的硫同位素组成。

表 3-7　湖南三岔镍钼多金属矿床镍钼矿石 $\delta^{34}S$ 分析结果

样品编号	样品名称	$\delta^{34}S$/‰
HSC-K-01-1	纹层状镍钼矿石	–6.5
HSC-K-01-2	纹层状镍钼矿石	–10.4
HSC-K-01-3	纹层状镍钼矿石	–3.2
HSC-K-01-4	纹层状镍钼矿石	–0.1
HSC-K-01-5	纹层状镍钼矿石	–1.5

续表

样品编号	样品名称	$\delta^{34}S$/‰
HSC-K-02-1	纹层状镍钼矿石	−2.2
HSC-K-02-2	纹层状镍钼矿石	−8.9
HSC-K-02-3	纹层状镍钼矿石	3.9
HSC-K-03-1	纹层状镍钼矿石	−2.8
HSC-K-03-2	纹层状镍钼矿石	−13.7

3.5.2 硫的来源及其形成环境

华南早寒武世海水硫酸盐的 $\delta^{34}S$ 值约为–26 ‰~+35 ‰（Hoefs, 1997）。假设三岔镍钼矿床的硫均来自当时的海水硫酸盐，考虑到镍钼矿石的 $\delta^{34}S$ 值为–13.7 ‰~+3.9 ‰，平均为–4.5 ‰，那么硫同位素的分馏将达到约 35 ‰。

地质过程和环境中的含硫化合物硫同位素分馏可由多种因素引起，如硫源的充足与否、矿物沉淀的先后顺序、环境的变化、各种硫化合物之间的同位素交换反应及硫的氧化还原反应等（陈道公等，1994；Norman et al., 2002；刘家军等，2008）。在吸附、淋溶、蒸发及硫化物的氧化反应过程中，虽然可以产生一定的硫同位素分馏，但均不明显（Fry et al., 1986；陈道公等，1994；Habicht et al., 1998；彭立才等，1999；常华进等，2004）。因此，在自然界中造成 35‰左右的硫同位素分馏可能有两个过程/作用，一种是硫酸盐无机还原为硫化物的过程，另一种是生物作用引起的硫酸盐异化还原（有机还原）形成有机硫、硫化物及挥发性含硫气体的过程（Habicht et al., 1998; Norman et al., 2002）。

对于硫酸盐无机还原为硫化物的过程，需要在 250 ℃以上才能实现，现实中这种反应只发生于 250 ℃以上的热液体系或地壳深部环境。但实际上，根据在湖南大庸与贵州天鹅山镍钼矿石中对石英与萤石的包裹体测温，显示其均一温度分别只有 101~187 ℃与 65~183 ℃（Lott et al., 1999），达不到这种硫酸盐无机还原的启动温度。因此，研究剖面 35 ‰的硫同位素分馏应该主要由生物作用引起的硫酸盐异化还原过程所导致。

Murowchick 等（1994）对中国华南镍钼多金属矿床进行研究发现，单一黄铁矿晶体的 $\delta^{34}S$ 值为–26 ‰~+22 ‰，变化范围达到 48 ‰，在长宽仅为 500 μm 的区域就发生了如此大的同位素分馏，充分说明了细菌硫酸盐还原作用对硫同位素的影响，使产物硫化物富集 ^{32}S，而 $\delta^{34}S$ 较低。黄铁矿的 $\delta^{34}S$ 值最高为+22 ‰，说明一部分的硫来自海水硫酸盐。而典型的硫酸盐还原菌可以产生 15 ‰～60 ‰ 的 SO_4^{2-} 对 H_2S 的硫同位素分馏，平均为 40 ‰（Ohmoto and Rye, 1979; 冯东等，2005）。这说明研究剖面 35 ‰的硫同位素分馏很可能是源于生物有机质的作用。

此外，除了生物有机质的作用和海水外，我们推测还可能有另外的硫源。如前所述，镍钼矿石的硫同位素（平均–4.5 ‰）相对于同期海水达到了 35 ‰的分馏，而硫酸盐还原菌造成的分馏平均约 40 ‰（Ohmoto and Rye, 1979），倘若硫源均是硫酸盐还原菌对海水硫酸盐的还原，则至少有 92 %的硫化物为细菌还原作用形成。但通过前文矿相学的观察发现，在矿石中大量黄铁矿以正常沉积形成，并非由硫酸盐还原菌作用形成，且矿石中含有一定量的重晶石。因此，必然有一定量较低 $\delta^{34}S$ 值的硫源输入，才能形成相对于当时海水达 35 ‰的硫同位素分馏。这种硫源很可能来自深源，因为深源硫的 $\delta^{34}S$ 值一般在 0 附近，同时还可带来大量其他成矿物质和元素，如 As、Ni、Cu、Zn 等，这与矿物学研究结果相一致。因此，镍钼矿石的硫同位素组成反映了硫来自深源（热液）与海水的混合。

3.6　成矿作用与成矿模式

3.6.1　成矿环境

从震旦纪开始，扬子地台东南缘形成陆缘裂谷，并在部分地区发育有基性火山岩，显示出异常的区域地热背景（陈多福等，1998）。南华纪南沱冰期后，随冰川消融，海平面相对上升，扬子地台处于相对稳定和下降的状态，扬子海侵扩大，细菌和藻类大量发育，演化为缺氧环境，形成了一套由硅质岩、磷块岩、碳质页岩、粉砂岩、石煤、重晶石岩和碳酸盐岩等组成的富含有机质的黑色岩系。

岩石矿物学特征显示，矿石中含有大量有机质，并见有大量热液（水）沉积矿物，如脉状针镍矿、辉砷镍矿、闪锌矿、黄铜矿等，而"碳硫钼矿"被认为是热液（水）环境中的生物成因，反映了矿床经历了强烈的热水生物作用。

微量和稀土元素地质化学特征显示，镍钼矿床有着较高的金属元素富集，典型特征是 Th-Zr、Hf-Zr、Ta-Nb、Ba-Sr、Zn-Cu 显示了矿石与围岩的差异。矿石的 V/Cr、U/Th 值，δCe 负异常以及部分 Eu 正异常显示了热液（水）还原的形成环境。

有机地球化学特征显示矿床有机碳含量较高，反映了矿床形成时较高的生物产率。而低的氯仿沥青"A"含量和极高的沥青反射率，反映矿床经历了较高的热成熟演化，并遭受热液流体的影响。矿床中含有丰富的生物标志化合物显示低等菌藻类为主要的有机质母质来源，并对成矿起到重要作用，矿床处于缺氧还原的环境。

矿石硫同位素 $\delta^{34}S$ 值为–13.7 ‰～+3.9 ‰，平均为–4.5 ‰，相对于同期海水（+30 ‰）有着约 35 ‰的分馏，显示了矿石硫来自幔源流体与海水的混合，矿床处于封闭—半封闭的海盆环境。

综合以上分析，湖南三岔镍钼多金属矿床总体处于低能滞留、缺氧还原的封闭—半封闭海盆环境，间歇性热液流体与生物活动为矿床的形成提供了良好环境。

3.6.2　成矿元素来源

微量元素与稀土元素特征显示，镍钼多金属矿床矿石较少受到陆源碎屑影响，成矿物质主要来自海水与热液（水）的输入，生物有机质对矿床形成起到了重要作用。海水可能主要是控制和影响钼矿物的形成与聚集，同时也可能对其他成矿元素具有贡献。相比而言，热液（水）输入带来了大量 Ni、Cu、Zn、Se 等成矿元素，包括一部分的 S，促进了镍矿的形成。因此我们初步推测，钼主要来自海水，镍主要来自热液（水），当然，如前所述，这还需要进一步做工作。

3.6.3　生物有机成矿作用

三岔剖面中镍钼富集层有机碳含量为 7.09 %，黑色页岩有机碳含量平均为 8.21 %，显示出三岔剖面镍钼多金属富集层形成于生物繁盛的早寒武世海洋，并有着较高的生物产率。

1. 成矿生物类型

华南早寒武世海洋发育有大量古生物群落（赵元龙等，1999），显示出较高的有机碳含量（有机质丰度）。Cao 等（2013）以遵义黄家湾镍钼矿床为典型实例，提出矿层中有许多含金属硫化物的椭球体，通过与现代生物形态和已有文献报道进行对比，认为这种椭球体是红藻囊果，且这种椭球体的金属元素分布存在差异，即外带含有更高的 Mo 含量，而核部具有更高的 Ni 含量，反映出生物对金属元素的差异成矿作用（周洁等，2008）。本次工作通过对三岔剖面样品的有机质进行生物标志化合物研究，发现有机质母质主要为浮游藻类及细菌类。此外，矿物学研究结果显示，本区也发现有大量富含金属硫化物的椭球体，反映红藻对镍钼等多金属元素的富集起到了促进作用。

2. 椭球体生物有机质与成矿作用

同遵义黄家湾镍钼多金属矿床中发现有椭球体一样，三岔镍钼多金属矿床也发现有大量椭球体（图 3-17）。经过详细的观察，发现主要有以下三类椭球体：①主体由磷质矿物组成，经电子探针测试与矿相学观察为胶磷矿（图 3-17A，B）；②椭球体由胶磷矿及金属硫化物共同组成（图 3-17C，D），"碳硫钼矿"往往分布于椭球体的最外层，核部以胶磷矿为主体，胶磷矿与"碳硫钼矿"间为镍矿物与黄铁矿组成的集合体，也见有针镍矿脉的形成（图 3-17C）；③椭球体主体全部由硫化物"碳硫钼矿"（图 3-17E）或黄铁矿组成（图 3-17F）。

三岔镍钼矿床中含有大量有机质，代表了矿床形成时生物的大量繁盛。通过对有机质的生物标志化合物进行研究，发现有机质主要来源于藻类与细菌。三岔矿床的椭球体与遵义黄家湾镍钼矿床的有机质类似，这种椭球体均由红藻的囊果演化而来。图 3-17A、B 显示了椭球体中含有大量圆粒状物质，推测其为红藻囊果的孢子，进一步证明了这种椭球体为红藻的囊果。而矿石中发现的多种椭球体，反映了椭球体在矿床形成过程中的不同演化阶段，对矿床的成矿作用具有一定的指示意义。

当红藻死亡后，囊果沉淀于海底沉积物中，随着有机质的分解，囊果自身不断被其他物质所替换，经历了从外到内的逐渐替换过程。磷质首先完成了对囊果有机质的替代，可能由于生物有机质本身所含的成矿元素较少，且此时海底水体中的 Mo 元素含量较低，不足以全部矿化成以金属矿物为主要成分的椭球体，仅在磷质椭球体的外部聚集，出现了如图 3-17A 和 B 的椭球体。而当海底水体中 Mo 元素积累到足够丰富时，有机质本身的 Mo 元素聚集与矿化，形成了如图 3-17E 的全由"碳硫钼矿"组成的椭球体。此时，由于热液（水）喷流的作用，带来了大量镍、铜、锌等成矿元素，并对已有矿物进行改造，如对椭球体中的磷质进行代替，出现了全金属硫化物黄铁矿的椭球体（图 3-17F）；可能是由于间歇性热液（水）作用不足以使全部磷质椭球体被改造，而出现了镍矿物、黄铁矿、黄铜矿与胶磷矿共存的椭球体（图 3-17C、D）。这与矿床镍钼矿物的形成过程相吻合。

图 3-18 模拟了椭球体的形成过程，即由于 Mo 元素含量相对不足，更多的 Mo 元素聚集于囊果的髓部与包被（图 3-18A），随着热液（水）作用的输入，带来大量成矿元素，并对矿石原有结构、构造进行改造，原本相对完整的髓部"碳硫钼矿"碎裂，裂隙中充填有后期矿物（如针镍矿、辉砷镍矿、黄铁矿及其他脉石矿物与基质），囊果内部物质进一步发生物质交代，进而形成铁镍化物、脉石矿物等，最终形成如目前多种矿物所呈现的复杂形态（图 3-18B）。

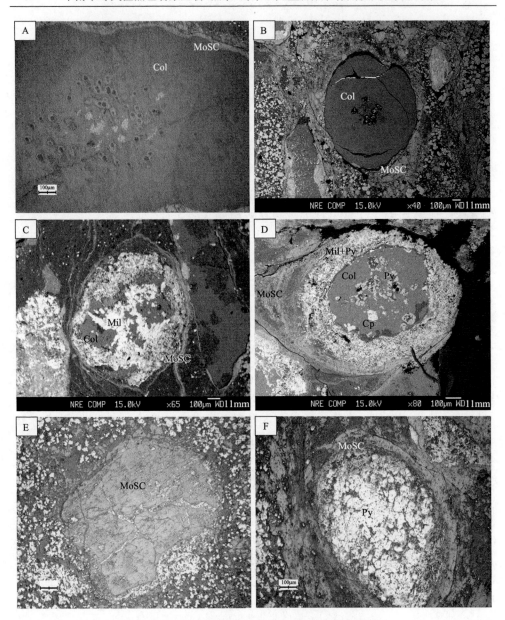

图 3-17　在三岔镍钼矿石中椭球体的演化过程图

A. 磷质椭球体，反映生物有机质被磷质矿物替代，其内部见有疑似生物微结构；B. 椭球体生物有机质被磷质矿物替代，其外壁见少量"碳硫钼矿"；C. 磷质椭球体内部见有针镍矿脉；D. 磷质椭球体内部见有黄铁矿、黄铜矿，中部为针镍矿与黄铁矿，反映被后期热液流体所改造；E. 椭球体"碳硫钼矿"，反映生物有机质完全被"碳硫钼矿"所替代；F. 椭球体黄铁矿，其外部有少量"碳硫钼矿"，反映生物有机质主要被黄铁矿所替代；矿物代号同图 3-3

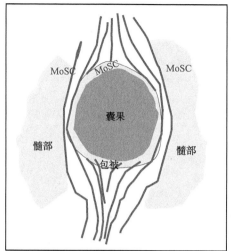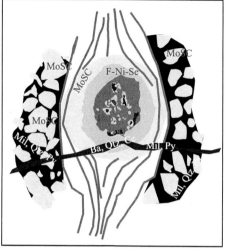

图 3-18　三岔镍钼多金属矿床生物有机成矿作用形成过程

Phos 为胶磷矿；其他矿物代号同图 3-3

3. 镍钼的生物–热水–海水三元叠合成矿作用

华南早寒武世黑色岩系有机碳含量丰富，同时广泛富集了多种元素。在三岔镍钼矿石所赋存的黑色页岩中，V、Cr、Co、Ni、Cu、Mo、Ba、W、U 等元素的含量均总体高于上地壳平均值，其中，Mo、Ni 的富集系数分别为 83.76、7.01，富集系数如此大的差异，反映 Mo 和 Ni 的成矿机制可能有别。

进一步对围岩黑色页岩中的有机碳含量与 Mo、Ni 含量的相关性进行分析，如图 3-19 所示，黑色页岩的有机碳含量与 Mo、Ni 的相关系数分别为 0.16 与 0.81，仍然差异显著，进一步说明 Ni 和 Mo 的成矿机制可能有别。此外，似乎镍的含量与有机碳含量的相关性更好。

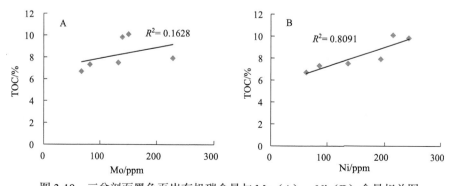

图 3-19　三岔剖面黑色页岩有机碳含量与 Mo（A）、Ni（B）含量相关图

如前所述，Mo 和 Ni 分别主要来自海水和热液（水），因此，图 3-19 中所展示出的特征可能反映热液（水）带来了大量的 Ni，使得 Ni 和有机碳具有较好的相关性。相比而言，Mo 不是主要来自热液（水），故与有机碳的相关性不明显，这与前面通过矿物学特征所分析的结果一致。

3.6.4 成矿模式

1. 地外成因模式

Fan 等（1983，1984）根据矿层中 Ir 异常及 PGE 的分布，提出 Ni、Co、PGE 可能为地外来源，而 Mo、V、Pb、Zn、Ba、Cd、Se、Te 等可能为海底热泉成因。Coveney 等（1992）、李胜荣等（2002）、毛景文等（2001）、杨剑等（2005）的研究表明，在华南早寒武世黑色页岩及镍钼多元素富集层中，实际上并不存在 Ir 异常，镍钼层中的 Ir 含量仅为 3.2 μg/kg（杨剑等，2005），相比 PGE 族其他元素表现为相对亏损。这与典型的和地外物质撞击有关的 Ir 异常含量（47±9）μg/kg（Ganapathy，1980）相差较大。虽然黄怀勇等（2002，2004）在湘西北天门山震旦系－寒武系界线上发现有一些地外撞击事件的记录，如冲击砾裂、微球粒撞击玻粒、冲击岩脉、冲击角砾、微球粒玻璃陨石及陨石碎屑残迹等现象，但也只能证明在震旦系—寒武系界线上曾经发生过地外撞击事件，并不足以证明地外撞击事件能够形成分布如此广泛的多元素富集层。因此，地外成因模式存在较大问题，证据不足。

2. 火山碎屑成因模式

罗泰义等（2003）提出了火山碎屑成因模式，通过对多元素富集层元素的地球化学性质及岩石矿化类型进行研究，指出多元素富集层经历了岩浆作用、热液（水）沉积及机械沉积作用的影响，为深部岩浆活动强烈喷发期的产物。其成矿模式为早期岩浆（火山）活动伴随着热液（水）沉积，形成磷块岩（和硅质岩）；中期岩浆活动减弱，经历剥蚀沉积；晚期火山爆发，除大量射气元素的富集，还带出深部的成矿物质，最后通过水流机械富集成矿。罗泰义等（2005）通过黑色岩系底部 Se 的超常富集研究，发现在深部存在一套复杂的碱性超基性岩浆演化体系，进一步为其岩浆成因提供了证据。但该成因模式已掌握的证据较少，推测性质较多，尚需进一步研究确定其对成矿的贡献作用。

3. 海水成因模式

该成因模式认为金属元素的富集是在缺氧（硫酸盐还原）的海盆环境中，于沉积速率极低的条件下，直接从海水中沉淀而成。滞留海水被上升含氧海水带入，是造成多金属富集层，以及磷块岩、重晶石和石煤等形成的主要原因（Mao et al.，2002）。其证据是 $^{187}Os/^{188}Os$ 的初始值与现代海水相近，镍钼富集层与黑色页岩的金属含量相关性良好，且比海水与上下岩系分别高出 $10^6 \sim 10^8$ 倍与 $10 \sim 100$ 倍。Lehmann 等（2007）与 Wille 等（2008）通过进一步研究多金属富集层中的 Mo 同位素特征，认为其与现代海水中的值基本一致，推测 Ni-Mo 矿层等黑色岩系为海水沉积作用成因，并认为富 H_2S 上升海水是导致金属元素富集的重要作用。但 Jiang 等（2007，2009）做了类似的研究，获得的 $^{187}Os/^{188}Os$ 初始值低于同期海水值，且 Mo 同位素研究结果显示，矿层中 Mo 同位素相对稳定，而黑色岩系中 Mo 同位素变化较大，据此提出黑色岩系中 Mo 为海水和页岩岩屑中 Mo 元素混合而来，矿层中的 Mo 元素变化较小，反映 Mo 来源于热液（水）作用。因此，将镍钼富集层的同位素结果与现代海水进行对比，认为不足以支持当时海水对成矿元素的富集作用。

4. 热液（水）沉积成因模式

许多证据可以证明热液（水）对镍钼多金属富集层的形成和成矿元素的来源具有重要作用。Coveney 等（1991, 1992）根据金属元素区域线性分布的特点，提出海底热水喷流沉积模式。李胜荣和高振敏（1996）在黑色岩系 Ni-Mo 多金属矿床相邻的燧石层中发现了 Eu 正异常和 Ce 负异常，并认为这些燧石来源为海底热液（水）作用。Steiner 等（2001）通过研究华南黑色岩系 Ni-Mo 多金属矿床及其下部硫化的黑色页岩，发现 Eu 正异常，并认为 Eu 正异常是由于受到热液（水）作用导致的。Jiang 等（2006）也研究发现，华南黑色岩系 Ni-Mo 多金属矿床中存在 Eu 正异常，通过对比 Ce 异常、Y 异常及 Y/Ho 值，认为 Ni-Mo 多金属矿床元素具有海底热水喷流来源特征。李胜荣和高振敏（2000）、Jiang 等（2007）研究了 Ni-Mo 多金属层中的 PGE 组成特征，提出矿床为热液（水）成因。

同位素地球化学特征也指示矿床遭受到了热液（水）沉积作用。Murowchick 等（1994）研究发现硫化物结核 $\delta^{34}S$ 值为–26 ‰～+22 ‰，认为低的硫同位素组成是由于细菌还原硫酸盐作用所致，而变化区间较大是由于热液（水）间歇性进入环境体系所致。李胜荣等（2002）、Jiang 等（2007）、蒋少涌等（2008）通过

Re-Os、Mo 同位素研究，提出矿床的形成有热液（水）作用特征。Wen 和 Carignan（2011）研究了矿床的 Se 同位素，发现 $\delta^{82}Se$ 值为–1.6 ‰～+2.4 ‰，均值为+0.6 ‰，认为其主要来源为热液（水），但不排除生物对海水中 Se 元素的吸收作用。

Lott 等（1999）对 Ni-Mo 多金属矿层中的包裹体进行了研究，测得其均一温度最高约为 187 ℃，显示出热液（水）作用特征。王敏等（2004a）对华南铂多金属矿床进行了流体包裹体研究，得出包裹体的均一温度最高为 170℃，认为反映了热卤水与海水相混合的特征（孙晓明等，2003）。

综上所述，可见目前关于热液（水）成因模式的证据积累相对最为丰富。本书也通过研究矿石样品的矿物学特征、元素地球化学特征和有机地球化学特征，发现矿床遭受了明显的热液作用，并带来大量成矿物质。

5. 多源成因复合模式

该观点认为成矿元素具有多种复杂成因，可能来自热液汲取基底地层中的成矿元素、海水中碎屑物质的沉积、生物及其有机质对元素的富集等（Coveney et al.，1992；Orberger et al.，2007; Kříbek et al.，2007； Pašava et al.，2008）。

矿床形成过程中遭受热液（水）作用影响的证据较多，但大多数学者主要是通过地球化学手段来研究，虽然能够证明热液（水）作用对成矿的影响，但不能完全排除其他作用对成矿的影响。许多学者虽然提出矿床的海水或热液（水）成因，但矿床还伴随着生物有机质的作用（Coveney et al.，1992; Lott et al.，1999; Orberger et al.，2007; Pašava et al.，2008）。Coveney 等（1992）提出有机质体可能吸附海水中的元素，认为生物与非生物作用共同形成 Ni-Mo 多金属矿床。Lott 等（1999）通过显微镜下的观测，发现矿石样品中有生物及细菌的细胞壁结构，进而推测有机质从海水中吸收部分元素，其与来自底部的热水混合，最终形成 Ni-Mo 多金属矿层。张光弟等（2002）通过显微镜下的观测，发现了生物藻类体及沥青质，并在金属层中保存有二硫镍矿和莓球状黄铁矿，推测 Mo 来自生物富集作用；而对于 Ni 和 PGE，通过 PGE 分布曲线特点，推测来源于循环流体对基底镁、铁质基性超基性岩及其 PGE 矿床的交代淋溶。Orberger 等（2007）对镍钼矿石中的"碳硫钼矿"进行了研究，认为"碳硫钼矿"为一种复杂的纳米晶体复杂混合物，为 MoS_2 与石墨的混合体，并在其中检测出一定量的 N（约 0.6 %），其 C/N 值和现在海洋中的有机物以及与某些干酪根的 C/N 值相接近，反映"碳硫钼矿"的形成可能与热液（水）环境中的生物及有机质相联系。Pašava 等（2008）通过研究矿石样品中的碳硫比值，发现沉积物并不是单一沉积方式（正常海相与非海相沉积之间），进一步根据 Ni-Mo 矿石中的元素分布形式特征及其与寒武纪黑色岩系中的元素平均值和海水中元素含量的关系，综合前人成果，提出了一个具有一定代表意义的多元素来源模型，认为 Mo、P 等主要来源于海水，而其他元素既可以有陆源输入，也可以有热液（水）的输入。

6. 海水-热水-生物三元叠合成矿成因模式

综上所述，本书通过矿物学、元素地球化学、有机地球化学及硫同位素地球化学综合研究，提出一个海水-热水（液）-生物三元叠合成矿模式（图 3-20）。

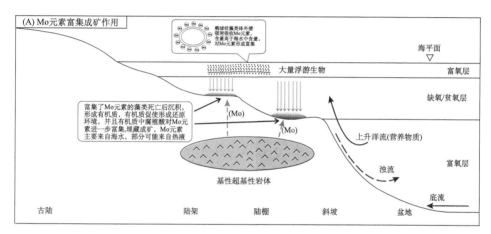

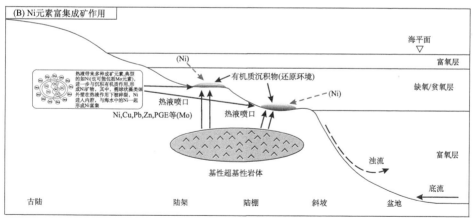

图 3-20　三岔镍钼多金属矿床生物-热水-海水三元叠合成矿模式图

晚震旦世—早寒武世时期，扬子古大陆内部发生强烈的拉张作用，海平面上升，古大陆东南部边缘形成了广阔的陆表浅海和陆架盆地海域，浮游生物和底栖生物大量繁殖，有机质富集，在海水、热液（水）与生物的共同作用影响下，Mo、Ni 等金属富集成矿。生物（浮游及底栖生物）在生长过程吸收了海水中的部分元素，如 Mo、Sb 等（可能也有一些 Ni），死亡后在其体内富集。海底洋流的作用带来了大量营养物质及生物遗体，为沉积区提供了丰富的有机质。伴随着碳酸盐及部分黄铁矿的沉积，在正常沉积作用阶段后，各类微生物迅速繁殖，一方面分解有机物质及复杂磷酸盐，产生 PO_4^{3-}、NH_4^+、HS^- 等，使海盆形成缺氧环境；另一方面进一步吸收海水中的元素，再次富集沉积物中的某些元素，如 Mo 等（可能也包括一些 Ni）。在缺氧的环境与微生物的作用下，形成"碳硫钼矿"（可能包括部分镍矿，特别是与钼矿物紧密共生的部分）。此时，磷酸盐开始对沉积物中的有机质进行替代，当底层水体中 Mo 含量足够时，Mo 开始替代有机质，逐渐形成"碳硫钼矿"。

另外，在沉积成岩过程中，由于拉张作用，海水下渗并淋滤基底成矿物质，形成含矿热液（水），沿同生断裂上涌，发生间歇性喷流沉积，并对早期形成的各种矿物结构造成破坏与改造，如部分样品中硫化物结核体的断裂等，同时铁镍硫化物对部分磷质椭球体进行替换，造成某些早期形成矿物的再活化沉淀。大量热液的涌入为矿床的再矿化提供了条件，针镍矿、辉砷镍矿等以及其他与热液作用有关的矿物（如闪锌矿、黄铁矿和铜矿物等），主要形成于该期的热液活动，当然，热液活动也可能带来了一些 Mo，但或许不占"碳硫钼矿"的主体。

第4章 贵州天柱大河边重晶石矿床成矿作用

贵州天柱大河边早寒武世重晶石矿床与湖南三岔镍钼多金属矿床类似，其研究具有典范意义，且该矿床是全球同类重晶石矿床中储量最大的一个。前人多认为该矿床属于热水成因，也有一些工作提出过海水与陆源成因。本次工作通过系统的地质地球化学综合研究，在前人工作的基础之上，进一步刻画了热水成矿的过程和特征，并深化了对生物有机质和海水成矿作用的认识。

4.1 样品与方法

4.1.1 样品

样品采自天柱大河边下寒武统牛蹄塘组，对一条典型重晶石剖面进行了系统采样。岩性自下而上分别为下伏黑色硅质岩、黑色页岩、重晶石矿层及上覆黑色页岩，具体采样位置与编号见图 4-1。同时，为进行重晶石的硫同位素分析，还选择了一些代表性的重晶石矿石样品（样品信息详见 4.5 节硫同位素地球化学部分）。

4.1.2 方法

对重晶石矿石与上下围岩进行了系统的矿相学观测，在此基础上，进一步进行电子探针分析。同时，对剖面样品进行了微量和稀土元素分析、有机地球化学分析，并对重晶石矿石中的重晶石硫同位素进行了分析，具体实验方法同 3.1.2 节。

4.2 岩石矿物学

研究区重晶石矿石手标本为浅灰-灰色，类型有浅色块状和条带状、黑色含碳质、碳质结核状等。矿体中心部位品位高，连续性好，矿物成分和结构、构造简单，伴生有石英、胶磷矿、高岭石、黄铁矿、黄铜矿、闪锌矿、钡冰长石等，其含量随矿石类型而异（图4-2，图4-3）。矿石多为它形-半自形，结构主要为粒状变晶结构、放射状结构，构造主要为致密块状和条纹状，其次为条带状（图4-3）。

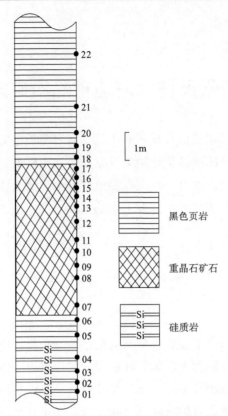

图 4-1　大河边重晶石矿床剖面采样位置图

相比而言，矿体顶、底部矿物成分和结构、构造较复杂，含磷、钙的矿物，具豆状、透镜状纹理构造等（图 4-2）。

4.2.1　矿物学特征

通过矿相学观测，发现矿层与上下围岩具有完全不同的矿物学特征。首先，对于围岩样品，自下而上地看，矿层下伏硅质岩手标本呈灰黑色，SiO_2 含量很高，镜下很难确定具体的矿物形态与组成，透光性也较差（图 4-2A，B）。这可能是由于其中含有一定量的有机质，并且受到后期风化作用与高成熟演化的影响（彭平安等，2008；张辉等，2008）。向上为矿层下伏黑色页岩，呈明显的层状特征，可见石英颗粒呈条带状分布，矿物组成主要为伊利石等黏土矿物，以及少量的有机质与石英（图 4-2C，D）。与此类似，矿层上覆黑色页岩也呈层状分布（图 4-2E，F），也见有石英呈条带状分布，矿物组成类似，主要为伊利石，但没有矿层下伏黑色页岩的层状特征明显，反映了沉积环境的变化。

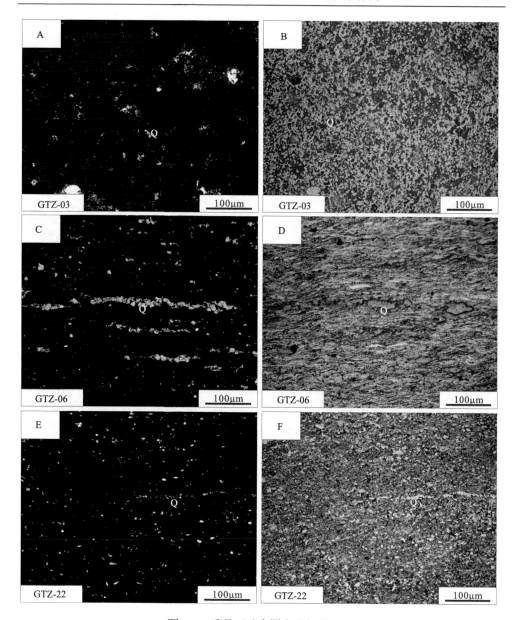

图 4-2　重晶石矿床围岩矿相学照片

A. 硅质岩样品 GTZ-03，透光镜下照片；B. 硅质岩样品 GTZ-03，反光镜下照片；C. 黑色页岩样品 GTZ-06，
透光镜下照片，可见有条带状石英分布；D. 黑色页岩样品 GTZ-06，反光镜下照片，可见明显的层状特征；E. 黑
色页岩样品 GTZ-22，透光镜下照片，见有条带状石英分布；F. 黑色页岩样品 GTZ-22，反光镜下照片，见有弱
层状特征；矿物代号：Q-石英

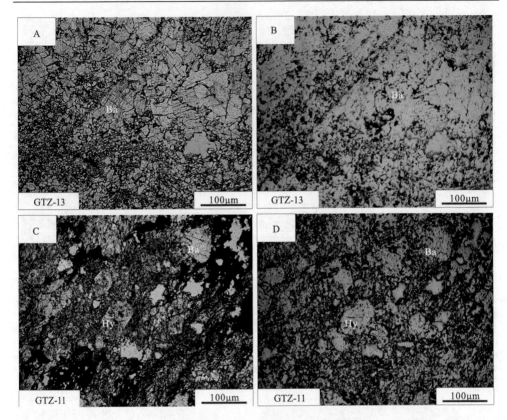

图 4-3　重晶石矿床矿石矿相学照片

A. 样品 GTZ-13，透光镜下照片，高品位重晶石矿石，见粒状重晶石；B. 样品 GTZ-13，反光镜下照片，高品位重晶石矿石；C. 样品 GTZ-11，透光镜下照片，重晶石品位稍低，见自形－半自形钡冰长石；D. 样品 GTZ-11，反光镜下照片，重晶石品位稍低，见自形－半自形钡冰长石；矿物代号：Ba-重晶石，Hy-钡冰长石

　　矿石样品主要为厚层块状，其矿物组成可分为两类：一类主要为粒状重晶石（图 4-3A，B），含少量的黄铁矿，矿石品位可达 98%，重晶石呈半自形—它形板状、粒状及蠕虫状、团粒状、放射状集合体，浅灰色，中正突起，干涉色为 I 级橙黄，平行消光；另一类以重晶石为主，并与钡冰长石、石英等矿物共生（图 4-3C，D），因此重晶石品位稍低，重晶石与石英呈它形粒状、放射状分布，钡冰长石呈自形—半自形分布，颗粒大小为 20～500 μm，无色透明，低负突起，I 级灰—灰白干涉色，呈斜消光，与重晶石接触边界清晰，无穿插现象，反映了同生共生组合特征，指示同期形成。

4.2.2　矿石矿物化学组成

　　在对样品进行详细矿相学观测的基础上，利用电子探针观测进一步揭示矿床矿物学特征，并选择典型含钡矿物（重晶石与钡冰长石）进行了电子探针分析（图 4-4，表 4-1），了解其化学组成。

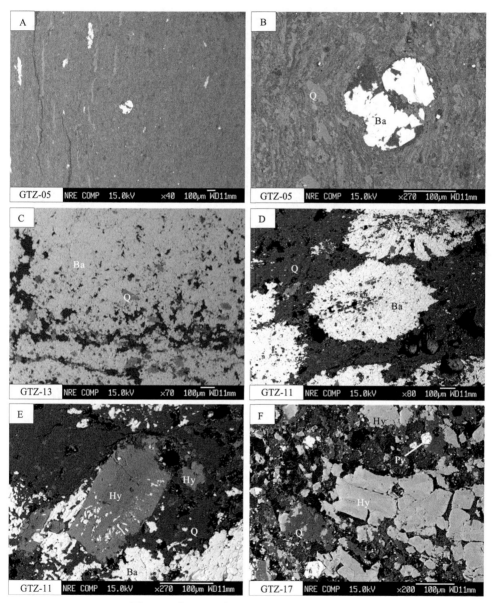

图 4-4　重晶石矿床矿石电子探针背散射照片

A. 样品 GTZ-05，底板黑色页岩，见细粒状重晶石；B. 样品 GTZ-05，图 A 部分放大照片，底板黑色页岩，颗粒重晶石与条带状石英；C. 样品 GTZ-13，高品位重晶石矿石，重晶石呈细碎状，见少量石英颗粒；D. 样品 GTZ-11，低品位重晶石矿石，见放射状重晶石；E. 样品 GTZ-11，低品位重晶石矿石，见环带状的钡冰长石；F. 样品 GTZ-17，低品位重晶石矿石样品，见环带状的钡冰长石；矿物代号同前

表4-1 天柱大河边重晶石矿床重晶石与钡冰长石电子探针分析结果 [单位：%（质量分数）]

岩性	样品编号	可能矿物	SiO_2	Al_2O_3	FeO	CaO	Na_2O	K_2O	BaO	MnO	SO_3	TiO_2	SrO	MgO	P_2O_5	NiO	总计	计算化学分子式
黑色页岩	GTZ-22	重晶石	0.04	0.00	0.05	0.00	0.12	0.01	64.81	0.04	36.14	0.13	0.05	0.03	0.07	0.00	101.47	$Ba_{0.95}S_{1.02}O_4$
		重晶石	0.00	0.04	0.05	0.02	0.15	0.01	64.07	0.05	35.17	0.11	0.72	0.01	0.00	0.00	100.39	$Ba_{0.96}S_{1.01}O_4$
	GTZ-17	钡冰长石	54.66	23.23	0.06	0.01	0.22	8.42	15.20	0.04	0.00	0.02	0.06	0.01	0.04	0.00	101.97	$K_{0.53}Ba_{0.30}Al_{1.35}Si_{2.70}O_8$
		钡冰长石（外）	52.29	23.33	0.09	0.00	0.24	8.19	16.53	0.01	0.01	0.05	0.06	0.00	0.00	0.04	100.83	$K_{0.53}Ba_{0.33}Al_{1.39}Si_{2.66}O_8$
		钡冰长石（内）	52.35	22.56	0.03	0.01	0.27	8.75	14.21	0.04	0.00	0.01	0.00	0.06	0.00	0.00	98.21	$K_{0.57}Ba_{0.28}Al_{1.39}Si_{2.67}O_8$
	GTZ-16	重晶石	0.00	0.06	0.02	0.00	0.13	0.02	64.03	0.07	36.11	0.08	0.59	0.06	0.01	0.06	101.24	$Ba_{0.94}S_{1.02}O_4$
	GTZ-15	重晶石	0.00	0.00	0.05	0.00	0.16	0.00	61.64	0.06	35.82	0.27	0.00	0.00	0.00	0.00	98.00	$Ba_{0.92}S_{1.03}O_4$
	GTZ-13	重晶石	0.00	0.05	0.00	0.04	0.09	0.01	61.97	0.00	35.95	0.23	0.00	0.01	0.03	0.00	98.38	$Ba_{0.92}S_{1.03}O_4$
矿石		重晶石	0.34	0.41	0.00	0.02	0.17	0.01	62.09	0.00	35.29	0.12	0.39	0.02	0.00	0.11	98.96	$Ba_{0.94}S_{1.02}O_4$
		重晶石	0.00	0.05	0.00	0.00	0.19	0.03	65.56	0.01	35.37	0.12	0.46	0.01	0.00	0.02	101.81	$Ba_{0.98}S_{1.01}O_4$
		重晶石	0.51	0.02	0.05	0.03	0.14	0.05	63.80	0.06	36.15	0.27	0.12	0.00	0.02	0.00	101.20	$Ba_{0.94}S_{1.02}O_4$
	GTZ-11	重晶石	0.61	0.25	0.01	0.06	0.09	0.13	64.20	0.03	35.17	0.13	0.22	0.00	0.02	0.00	100.92	$Ba_{0.97}S_{1.01}O_4$
		钡冰长石（内）	54.48	21.70	0.03	0.01	0.17	9.79	12.04	0.04	0.06	0.00	0.00	0.00	0.00	0.00	98.32	$K_{0.62}Ba_{0.23}Al_{1.36}Si_{2.71}O_8$
		钡冰长石（外）	50.86	22.95	0.00	0.00	0.19	7.68	17.86	0.00	0.00	0.03	0.00	0.00	0.00	0.06	99.63	$K_{0.51}Ba_{0.36}Al_{1.41}Si_{2.63}O_8$
		钡冰长石（内）	56.56	22.08	0.00	0.01	0.14	8.60	12.25	0.04	0.00	0.03	0.00	0.00	0.00	0.03	99.74	$K_{0.53}Ba_{0.30}Al_{1.33}Si_{2.75}O_8$
		钡冰长石（外）	52.07	23.09	0.00	0.06	0.21	7.77	17.04	0.02	0.01	0.02	0.00	0.00	0.01	0.00	100.25	$K_{0.51}Ba_{0.34}Al_{1.39}Si_{2.66}O_8$
	GTZ-07	重晶石	0.00	0.03	0.03	0.07	0.09	0.01	63.21	0.05	35.73	0.11	0.00	0.00	0.05	0.00	99.37	$Ba_{0.94}S_{1.02}O_4$
		重晶石	0.02	0.06	0.02	0.02	0.19	0.00	63.67	0.00	35.19	0.37	0.00	0.00	0.01	0.00	99.54	$Ba_{0.96}S_{1.01}O_4$
黑色页岩	GTZ-05	重晶石	0.05	0.07	0.00	0.43	0.13	0.02	61.34	0.01	34.88	0.25	0.00	0.01	0.01	0.00	97.17	$Ba_{0.94}S_{1.02}O_4$

在上下围岩黑色页岩样品中，均发现有少量粒状重晶石（图 4-4A，B），成分与矿石样品中的重晶石成分相近（表 4-1）。矿石中重晶石主要有两种类型，一种品位较高，其成分较简单，主要组成为粒状的重晶石（图 4-4C）。相比而言，矿石中还有一类组成相对较复杂，主要成分包括重晶石、石英、钡冰长石及少量的黄铁矿等（图 4-4D，E，F），重晶石除呈粒状分布外，还见有放射状分布（图 4-4D），反映重晶石品位稍低。此外，值得注意的是，钡冰长石具明显的环带现象（图 4-5A，F 和图 4-5A），这在过去的工作中还未有过报道。

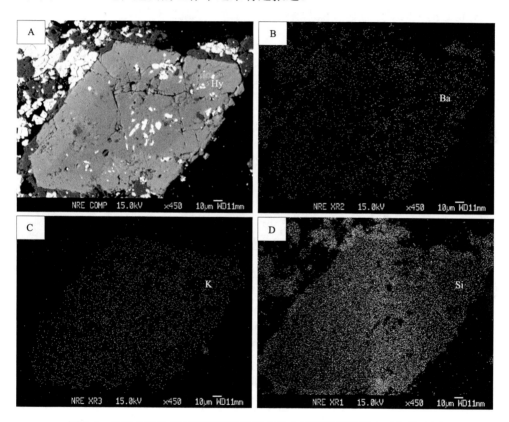

图 4-5　天柱大河边重晶石矿床钡冰长石的电子探针背散射和面扫描分析

A. 环带状钡冰长石；B、C、D 分析为 Ba、K、Si 元素的面扫描图像；Hy-钡冰长石

重晶石（barite）的理论分子式为 $BaSO_4$，其 BaO 和 SO_3 的理论含量分别为 65.67 % 和 34.33 %。本次工作实测矿石化学成分 BaO 含量为 61.64 %～65.56 %，平均为 63.42 %；SO_3 含量为 35.17 %～36.15 %，平均为 35.60 %（表 4-1），与理论含量相比，差异不大。钡冰长石（hyalophane）的理论分子式为(K,Ba)[$Al_2Si_2O_8$]。

如表 4-1，实测其化学成分中 SiO_2 含量为 50.86 %～56.56 %，平均为 53.33 %；Al_2O_3 含量为 21.70 %～23.33 %，平均为 22.71 %；K_2O 含量为 7.68 %～9.79 %，平均为 8.45 %；BaO 含量为 12.04%～17.86 %，平均为 15.02 %，与夏菲等（2005a）对大河边与新晃重晶石矿床的钡冰长石分析结果相似。而将钡冰长石电子探针分析数据（$BaO+Al_2O_3$）与（$SiO_2+K_2O+Na_2O$）做相关图解（图 4-6），并与世界各地典型钡冰长石数据对比（Frondel et al., 1966；Rao，1976；Fortey and Beddoe-Stephens, 1982；Jakobsen, 1990；Miyazoe et al., 2009；屈敏等，2011），发现其具有明显的相关性。结合显微镜观察结果，可进一步确定其为钡冰长石。

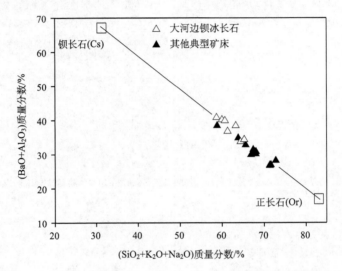

图 4-6　钡冰长石的（$BaO+Al_2O_3$）–（$SiO_2+K_2O+Na_2O$）相关图解

其他典型矿床数据来自全球典型钡冰长石（Frondel et al., 1966；Rao，1976; Fortey and Beddoe-Stephens, 1982; Jakobsen, 1990; Miyazoe et al., 2009; 屈敏等, 2011）

钡冰长石环带的电子探针成分分析结果显示，其环带内外成分有别：外带 K_2O 含量为 7.68 %～8.19 %，平均为 7.88 %，BaO 含量为 16.53 %～17.86 %，平均为 17.14 %；内部 K_2O 含量为 8.60 %～9.79 %，平均为 9.05 %，BaO 含量为 12.04 %～14.21 %，平均为 12.83 %。可见，外带 Ba 含量要高于内部，而 K 含量则较低。同时，对环带状钡冰长石进行 Ba、K、Si 等关键元素的面扫描分析，如图 4-5B、C、D 所示，也可以发现环带状钡冰长石内部具有较低 Ba 含量、高 K 含量，而外部具有较高 Ba 含量、低 K 含量，反映了钡冰长石在形成过程中环境的变化。

4.2.3　环带钡冰长石的发现意义

环带钡冰长石的发现具有重要的成矿研究指示意义。目前，国内外已发现的钡冰长石主要赋存于以下几种环境中：

（1）产于中低温热水或热液喷流沉积环境，常呈条带状或层状赋存于岩石或矿石里（韩发等，1993；Kříbek et al.，1996；Hou et al.，2001；夏菲等，2005a）。韩发等（1993）在研究大厂锡多金属矿床时，认为钡冰长石形成于成岩期，从而促使其发育有很好的晶形，具特征的菱形横切面，并认为钡冰长石的形成与海底热卤水活动系统有关。杨子元等（1993）在研究铌-稀土-铁矿床时，认为热液活动造成钡交代钠长石最终形成了钡冰长石。龙洪波等（1994）在中国樟村-郑坊黑色岩系中发现钡冰长石，其在矿区中以层状或透镜状、条带状出现。

（2）产于脉岩（Rao，1976；Beran et al.，1992；Pivec et al.，1990）或以脉岩形式产出（Zak，1991）。Rao（1976）报道了印度安得拉邦 Visakhapatnam 地区磷灰石-磁铁矿脉中钡冰长石与含钙辉石的组合，认为是热液流体混染交代围岩中的含钙物质形成的。屈敏等（2011）对华北克拉通中部带高压麻粒岩地体中的富钡冰长石伟晶岩脉进行了研究，通过对富钡冰长石脉锆石的 Hf、O 同位素及微量元素分析认为，富钡冰长石脉可能来源于高压麻粒岩地体本身，是高压麻粒岩地体抬升晚期阶段的产物。

（3）产于变质岩中。Essene 等（2005）在匈牙利 Uppony Mountains 的低级变质岩中发现钡冰长石与钠长石、微斜长石共生，在安大略湖 Grenville 的大理岩中也发现钡冰长石与钠长石、奥长石和钡长石共生。刘胤等（2010）在冀北异剥钙榴岩中发现有钡冰长石，认为是富钡流体交代钠长石而形成，钡的来源可能与热水成因的重晶石有关。

（4）产于岩浆岩中。Zhang 等（1993）在中国东北的橄榄白榴岩中发现有钡冰长石的存在，并认为钡冰长石是原始岩浆及其后期结晶作用的产物。牟保磊等（2013）在华北早中生代矾山钾质碱性超镁铁岩-正长岩杂岩体中发现了钡冰长石，为多次富钡流体的交代作用的结果。

综上所述，可见虽然钡冰长石的形成环境多样，但其出现往往与富钡的热液流体有关，钡可能来自岩浆，也可能来自富钡的围岩，或来自基底富钡岩层。考虑大河边重晶石矿床的特征——钡冰长石与重晶石共生，且晶形非常好，具有明显的环带，与以上所述的第一类钡冰长石的产出环境相近，反映了钡冰长石受到热水作用影响，而环带状钡冰长石的形成反映了形成过程中环境的变化，发生了钡的浓度由低到高的转变。这种富钡流体的幕式活动,造成钡冰长石环带的形成,表明矿床经历了多期热水活动,这通常是断裂控制下热水流体幕式活动的特征(王登红等,2000;侯增谦等,2001;Cao et al., 2007; Jin et al., 2008),体现矿床的形成很可能与断裂、热水有关,并且鉴于核部相对边缘贫 Ba,可能是在成矿流体活动过程中,Ba 不断富集造成的。该过程是一个热水、断控、幕式、渐进的成矿过程,为形成超大型重晶石矿床提供了条件,进一步证明了前人提出的重晶石矿床热水沉积成因。

4.3　元素地球化学

本节对天柱大河边重晶石矿床进行微量与稀土元素地球化学研究,讨论矿床成矿物质来源及成矿物理化学条件等。

4.3.1　微量元素地球化学

1. 微量元素含量

大河边重晶石矿床微量元素地球化学分析结果见表 4-2。总体而言,重晶石矿石与黑色页岩中 Ba 含量均大于检测上限 10 000 ppm,相比而言,硅质岩中 Ba 含量相对较低。做出澳大利亚后太古代页岩(PAAS)微量元素配分模式图,如图 4-7 所示,结果显示各岩性样品的微量元素富集程度不一。其中,硅质岩与上下层黑色页岩的富集趋势比较一致,但上下层黑色页岩的富集程度明显高于硅质岩。相比而言,重晶石矿石的微量元素富集特征与二者不同,表现为相对于 PAAS,仅 Ba 和 Sr 元素在所有样品中的富集系数大于 1。此外,矿层上下方黑色页岩的微量元素配分模式特征差异不明显,仅个别元素有差异,因此分析中做统一考虑。

对于黑色页岩,U、Ni、Mo、V、Cu、Cr 等元素均表现出明显的富集,富集系数分别为 12.13~49.35(平均为 23.94,n=7)、1.44~4.47(平均为 2.71)、53.00~196.00(平均为 111.86)、10.07~47.60(平均为 23.63)、0.38~20.40(平均为 7.71)、1.18~8.36(平均为 3.83)。对于硅质岩,微量元素除 Ba 富集外(富集系数为 2.57~5.34,平均 3.50,n=3),还富集有 U、Mo、V 等元素,富集系数分别为 1.55~1.73(平均为 1.62)、4.00~16.00(平均为 11.00)、1.01~3.28(平均为 2.42)。重晶石矿石除富集 Ba 外,仅表现出 Sr 元素的富集,富集系数为 8.05~16.00,平均为 11.27(n=9),远高于黑色页岩与硅质岩,其他元素表现为或高或低的富集,表明其成因与围岩有很大的不同,可能受其他地质作用的影响。

表 4-2　大河边重晶石剖面微量元素组成

样品编号	岩性	Rb /ppm	Ba /ppm	Th /ppm	U /ppm	Ni /ppm	Mo /ppm	V /ppm	Sr /ppm	Hf /ppm	Zr /ppm	Cu /ppm	Zn /ppm	Pb /ppm	Co /ppm	Ga /ppm	Cr /ppm	V/Cr	V/(V+Ni)	U/Th
GTZ-22	黑色页岩	108	>10 000	11	37.6	109	133	4090	75.7	3.6	144	19	178	22	1.4	19.5	700	5.84	0.97	3.42
GTZ-21	黑色页岩	106	>10 000	11	72	168	115	2760	61.8	4	147	155	40	22	12.1	17	130	21.23	0.94	6.55
GTZ-20	黑色页岩	78.4	>10 000	8.02	55.9	158	126	2280	56.1	2.9	113	158	53	20	11.8	12.8	170	13.41	0.94	6.97
GTZ-19	黑色页岩	84.9	>10 000	8.13	86.1	246	196	3790	55.9	3.1	115	217	46	27	12.4	15.7	160	23.69	0.94	10.59
GTZ-18	黑色页岩	38.1	>10 000	3.95	65	112	53	1510	387	1.5	57	496	105	10	4.6	9.1	360	4.19	0.93	16.46
GTZ-16	重晶石	1.6	>10 000	0.29	2.67	<5	<2	58	3200	0.2	4	34	97	6	<0.5	0.3	10	5.80	—	9.21
GTZ-15	重晶石	1.2	>10 000	0.28	14.05	31	<2	144	2560	0.2	5	9	385	<5	1.3	0.7	20	7.20	0.82	50.18
GTZ-14	重晶石	1	>10 000	0.12	1.67	7	<2	31	1610	<0.2	3	61	78	5	<0.5	0.4	<10	—	0.82	13.92
GTZ-13	重晶石	3.3	>10 000	0.59	15.5	27	<2	247	2660	0.3	10	35	198	<5	1.6	1.3	40	6.18	0.90	26.27
GTZ-11	重晶石	10.4	>10 000	1.41	13.1	18	2	59	2370	0.6	18	7	81	9	1.2	1.8	30	1.97	0.77	9.29
GTZ-10	重晶石	0.8	>10 000	0.13	2.01	8	<2	28	1710	<0.2	3	20	34	<5	<0.5	0.3	<10	—	0.78	15.46
GTZ-09	重晶石	0.7	>10 000	0.1	6.43	<5	<2	23	2390	<0.2	3	<5	38	<5	<0.5	0.2	<10	—	—	64.30
GTZ-08	重晶石	0.3	>10 000	<0.05	1.3	<5	<2	8	1610	<0.2	<2	8	36	<5	<0.5	0.2	<10	—	—	—
GTZ-07	重晶石	0.7	>10 000	0.13	2.61	<5	<2	34	2180	0.2	5	13	38	<5	<0.5	0.5	<10	—	—	20.08
GTZ-06	黑色页岩	23.1	>10 000	2.81	153	172	67	3240	1130	1.1	57	634	1800	20	2.4	6.9	510	6.35	0.95	54.45
GTZ-05	黑色页岩	64.2	>10 000	6.96	49.9	79	93	7140	269	2.3	133	1020	137	20	1.8	13.1	920	7.76	0.99	7.17
GTZ-04	硅质岩	3.6	1670	0.2	4.9	9	13	492	27.6	<0.2	6	67	16	13	<0.5	2	120	4.10	0.98	24.50
GTZ-03	硅质岩	2.3	3470	0.2	5.37	10	16	445	33.4	0.3	16	99	35	13	0.5	2	110	4.05	0.98	26.85
GTZ-01	硅质岩	3.2	1680	0.44	4.81	10	4	152	10.2	0.2	14	23	22	<5	0.6	1.1	80	1.90	0.94	10.93

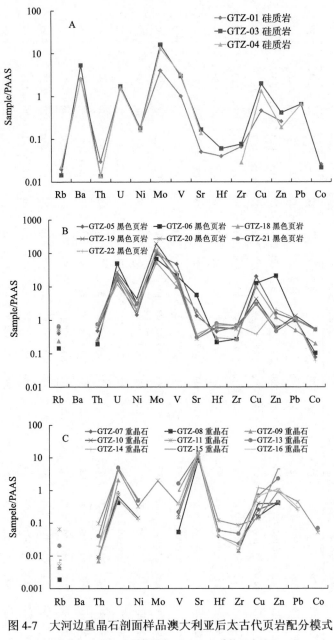

图 4-7 大河边重晶石剖面样品澳大利亚后太古代页岩配分模式

A.硅质岩/PAAS；B.黑色页岩/PAAS；C.重晶石矿石/PAAS

2. 典型参数

大河边重晶石剖面硅质岩、重晶石与黑色页岩 Th 的含量平均为 0.28 ppm（n=3）、0.38 ppm（n=8）与 7.41 ppm（n=7），表明黑色页岩的 Th 含量高于硅质岩与重晶石矿石，但均低于上地壳的含量 10.7 ppm。硅质岩、重晶石与黑色页岩 Zr 的平均含量分别为 12 ppm（n=3）、18 ppm（n=8）与 109.43 ppm（n=7），也均低于上地壳的含量 190 ppm。因此，这表明天柱大河边重晶石剖面黑色页岩的陆源输入在总体较少的背景下，高于硅质岩和重晶石矿石。各岩性的 Th-Zr 相关性图见图 4-8。图 4-8A、B、C 显示的分别是硅质岩、黑色页岩和重晶石矿石的 Th-Zr 相关性图，可见硅质岩与重晶石的相关性较差，而黑色页岩的相关系数为 0.878，表明黑色页岩的物源可能主要来自陆源，而硅质岩与重晶石矿石的特征反映了其陆源输入相对较少。

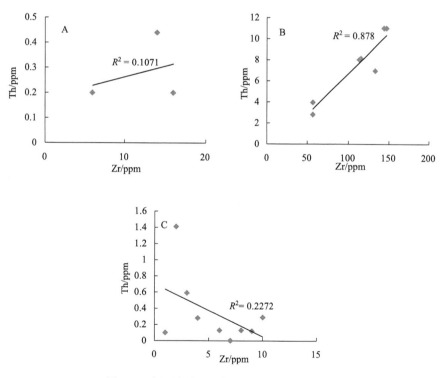

图 4-8　大河边重晶石剖面样品 Th-Zr 相关性图

A.硅质岩样品 Th-Zr 相关性图；B.黑色页岩样品 Th-Zr 相关性图；C.矿石样品 Th-Zr 相关性图

　　图 4-9A、B 给出了高场强元素 Hf-Zr、Ga-Rb 的相关图解，在各岩性中呈明显的正相关关系，但其分布区域有着明显不同。其中，硅质岩与重晶石的分布区域较一致，均不同于黑色页岩的分布，反映了各种物质的混合来源（Jiang et al.，2006）。图 4-9C、D 显示了各岩性在 Zn-Cu、V-Ni 图上的投影，也具有不同的分布区域，反映了黑色页岩与重晶石可能有着不同成因。

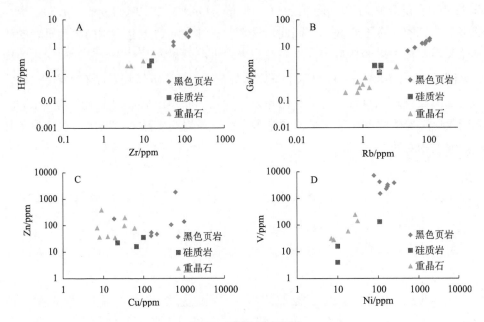

图 4-9　微量元素图解

A. Hf-Zr; B. Ga-Rb; C. Zn-Cu; D. V-Ni

　　Co、Ni、V、Cr、U、Th 等氧化还原敏感元素可以指示其沉积物形成时的氧化还原条件和是否受到热水作用影响等（Hatch and Leventhal, 1992; Zhou and Jiang, 2009）。各岩性的 V/Cr 变化较大，硅质岩为 $1.90 \sim 4.10$，平均为 3.35（$n=3$）；黑色页岩为 $4.19 \sim 23.69$，平均为 11.78（$n=7$）；重晶石矿石为 $1.97 \sim 7.20$，平均为 5.29（$n=4$），平均值均大于 2，表明形成于缺氧的还原环境。各岩性样品的 V/（V+Ni）值相近，为 $0.77 \sim 0.99$，硅质岩平均为 0.97（$n=3$），黑色页岩平均为 0.95（$n=7$），重晶石矿石平均为 0.82（$n=5$），均大于 0.6，表明其形成于还原环境，其中重晶石矿石的还原环境相对弱于围岩。U/Th 值为 $3.42 \sim 64.30$，平均为 20.92（$n=18$），表明样品受到不同程度热水作用的影响。

表 4-3　大河边重晶石剖面稀土元素组成

样品编号	岩性	La /ppm	Ce /ppm	Pr /ppm	Nd /ppm	Sm /ppm	Eu /ppm	Gd /ppm	Tb /ppm	Dy /ppm	Ho /ppm	Er /ppm	Tm /ppm	Yb /ppm	Lu /ppm	Y /ppm	总计 /ppm	LREE /ppm	HREE /ppm	LREE /HREE	$(La/Yb)_N$	Y/Ho	δCe	δEu
GTZ-22	黑色页岩	39	51.2	7.91	30.6	6.28	1.7	7.06	1.05	7.83	1.85	5.51	0.81	5.14	0.86	69.2	166.8	136.69	30.11	4.54	0.56	40.50	0.67	1.20
GTZ-21	黑色页岩	34.3	51.5	7.49	30.1	7.1	1.64	7.47	1.2	8.18	1.79	5.16	0.76	4.65	0.71	68.1	162.05	132.13	29.92	4.42	0.54	44.32	0.74	1.06
GTZ-20	黑色页岩	33.3	41.7	6.89	27.4	5.83	1.44	6.28	1.02	7.11	1.72	5.13	0.79	5.02	0.81	67.7	144.44	116.56	27.88	4.18	0.49	43.51	0.63	1.12
GTZ-19	黑色页岩	31.4	43.6	7.5	32.2	7.87	1.88	8.04	1.32	9.01	2.08	6.04	0.91	5.18	0.85	81.8	157.88	124.45	33.43	3.72	0.45	35.75	0.66	1.11
GTZ-18	黑色页岩	22.5	26.5	5.32	25.1	6.41	1.92	6.28	0.99	6.05	1.31	3.61	0.52	3.47	0.55	48.5	110.53	87.75	22.78	3.85	0.48	37.02	0.56	1.42
GTZ-16	重晶石	4.4	2.4	0.59	3.1	1.13	1.74	1.65	0.2	0.81	0.2	0.61	0.15	1.27	0.34	9.1	18.59	13.36	5.23	2.55	0.26	39.33	0.33	6.00
GTZ-15	重晶石	6.4	5.9	1.53	8.9	2.94	2.25	3.65	0.47	2.27	0.45	1.12	0.2	1.47	0.38	18.5	37.93	27.92	10.01	2.79	0.32	39.36	0.43	3.23
GTZ-14	重晶石	2.9	1.2	0.23	1.5	0.77	1.75	1.25	0.13	0.3	0.07	0.25	0.07	0.86	0.3	3.8	11.58	8.35	3.23	2.59	0.25	38.04	0.30	8.40
GTZ-13	重晶石	4.2	3.1	0.62	3.5	1.43	1.94	2.13	0.31	1.49	0.36	1.13	0.2	1.6	0.39	18.4	22.4	14.79	7.61	1.94	0.19	37.82	0.43	5.23
GTZ-11	重晶石	7.9	5.9	0.93	4.7	1.7	2.13	2.31	0.27	1.03	0.23	0.75	0.18	1.51	0.45	11.9	29.99	23.26	6.73	3.46	0.39	37.41	0.47	5.06
GTZ-10	重晶石	2.1	1	0.19	1.4	0.62	1	0.9	0.1	0.24	0.05	0.15	0.05	0.59	0.2	2.2	8.59	6.31	2.28	2.77	0.26	43.75	0.33	6.30
GTZ-09	重晶石	2.5	1.7	0.34	2.1	0.88	1.15	1.23	0.15	0.43	0.08	0.21	0.05	0.61	0.2	3.5	11.63	8.67	2.96	2.93	0.30	51.74	0.41	5.20
GTZ-08	重晶石	2.1	0.9	0.17	1.3	0.63	1.39	1.14	0.12	0.28	0.07	0.2	0.07	0.7	0.23	3.9	9.3	6.49	2.81	2.31	0.22	51.11	0.30	7.72
GTZ-07	重晶石	3	1.7	0.34	1.9	0.74	0.94	1.26	0.14	0.37	0.08	0.27	0.08	0.76	0.25	3.9	11.83	8.62	3.21	2.69	0.29	41.11	0.36	4.58
GTZ-06	黑色页岩	63	59.4	21.6	106	30	7.91	32	4.71	30	6.07	16.5	2.21	13.65	1.94	217	394.99	287.91	107.08	2.69	0.34	48.75	0.36	1.20
GTZ-05	黑色页岩	96.4	78.3	23.9	104.5	23.5	6.08	29.1	4.63	34	7.88	23.8	3.57	23.1	3.54	298	462.3	332.68	129.62	2.57	0.31	55.71	0.38	1.09
GTZ-04	硅质岩	4.8	4.3	1.22	5.3	1.38	0.42	1.81	0.26	1.69	0.37	1.15	0.14	1.07	0.17	16.1	24.08	17.42	6.66	2.62	0.33	44.00	0.41	1.25
GTZ-03	硅质岩	3.4	2.9	0.83	4.2	1.27	0.35	1.38	0.22	1.43	0.37	1.16	0.15	1.03	0.19	16.4	18.88	12.95	5.93	2.18	0.24	54.29	0.40	1.24
GTZ-01	硅质岩	3.8	4.2	1	4.7	1.2	0.34	1.82	0.32	2.33	0.6	1.84	0.29	1.82	0.3	24.3	24.56	15.24	9.32	1.64	0.15	45.50	0.50	1.08

4.3.2　稀土元素地球化学

1. 稀土元素含量

大河边重晶石剖面样品稀土元素含量见表 4-3，稀土元素总量以黑色页岩（$n=7$）最高，而硅质岩（$n=3$）与重晶石（$n=9$）含量相近。此外，轻和重稀土元素比值总体变化不大。具体而言，黑色页岩的稀土元素总量为 110.53～462.30 ppm，平均为 228.43 ppm；轻/重稀土值为 2.57～4.54，平均为 3.71；（La/Yb）$_N$ 值为 0.31～0.56，平均为 0.45。硅质岩的稀土元素总量为 18.88～24.56 ppm，平均为 22.51 ppm；轻/重稀土值为 1.64～2.62，平均为 2.14；（La/Yb）$_N$ 值为 0.15～0.33，平均为 0.24。重晶石矿石的稀土元素总量为 8.59～37.93 ppm，平均为 17.98 ppm；轻/重稀土值为 1.94～3.46，平均为 2.67；（La/Yb）$_N$ 值为 0.19～0.39，平均为 0.28。

将大河边剖面各岩性样品的稀土元素用澳大利亚后太古代页岩（PAAS）作标准化，取其对数值作图得出稀土配分曲线。图 4-10A、B、C 分别是硅质岩、黑色页岩及重晶石矿石稀土元素的 PAAS 稀土配分图，从图 4-10 中可看出：①围岩的稀土配分图非常接近，硅质岩样品的曲线主要位于 Sample/PAAS 稀土对数值的 0.10～1.00 区间；黑色页岩落于 1.00 附近，有两件样品的稀土元素位于 1.00～10.00 区间，曲线略微左倾，但总体平缓，表现出与澳大利亚后太古代页岩形成环境相类似；而重晶石矿石样品表现为较明显的中稀土富集，配分曲线表现为凸形，其分布范围也较广，显示出与硅质岩和黑色页岩有着明显不同的稀土元素组成，表明其成因有所不同。②δCe（Ce/Ce*）取 2Ce$_N$/（La$_N$+Pr$_N$），各岩性样品均表现出明显不同的 δCe 负异常，硅质岩的 δCe 为 0.40～0.50，平均为 0.43；黑色页岩的

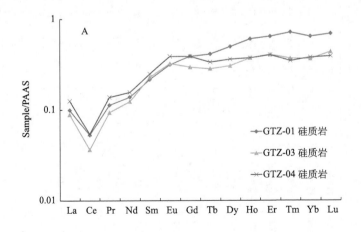

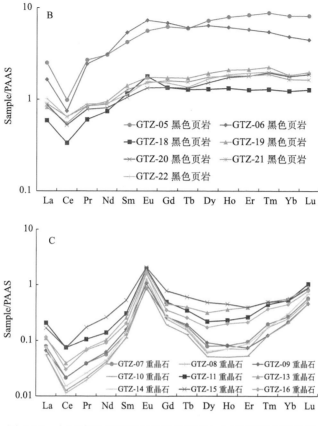

图 4-10　大河边重晶石剖面各岩性样品 PAAS 的稀土配分图

δCe 为 0.36~0.74，平均为 0.57；重晶石矿石的 δCe 为 0.30~0.47，平均为 0.38。③δEu 取 Eu/Eu*=Eu_N/($Sm_N \times Gd_N$)$^{0.5}$，硅质岩的 δEu 为 1.08~1.25，平均为 1.19；黑色页岩的 δEu 为 1.06~1.42，平均为 1.17；重晶石矿石样品的 δEu 为 3.23~8.40，平均为 5.75。显示出硅质岩与黑色页岩轻微正 δEu 异常，而重晶石矿层处显示出强烈的 δEu 正异常。

2. 典型参数

将各岩性的稀土元素 Ce-La 与 Sm-La 作相关图（图 4-11），发现重晶石与硅质岩有着相同的分布区域，且均不同于黑色页岩，反映了重晶石与硅质岩的成因可能存在差异。

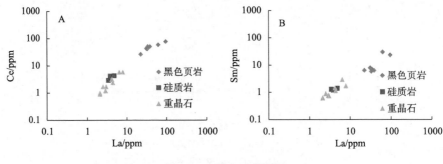

图 4-11　稀土元素图解

A. Ce-La; B. Sm-La

Y/Ho 值是一个可以用来反映陆源来源的指标，常见海水的 Y/Ho＝44～47，而陆源碎屑的 Y/Ho＝28（Bau, 1996; Jiang et al., 2006）。大河边重晶石矿床硅质岩的 Y/Ho 值为 40.5～44.3，平均为 42.8；黑色页岩为 35.8～39.4，平均为 37.8；重晶石为 41.1～55.7，平均为 48.4。这表明重晶石的 REE 可能更多的来自海水，而黑色页岩与硅质岩的稀土元素来自陆源与海水的混合。

Ce 异常是区分岩石热水与非热水沉积的主要标志。一般认为热水沉积硅质岩具有稀土总量低、Ce 亏损较明显、Eu 出现正异常、重稀土（HREE）有富集趋势等特点，且许多学者认为热水作用是引起海相硅质岩 Eu 正异常的主要原因（Ruhlin and Owen, 1986；Murray et al., 1991；Douville et al., 1999；Owen et al., 1999）。

天柱大河边重晶石矿床硅质岩的稀土元素总量较低，总稀土值为 18.88～24.56 ppm，平均为 22.51 ppm；轻/重稀土值为 1.64～2.62 ppm，平均为 2.14 ppm；具有 LREE＞HREE 的特征，但（La/Yb）$_N$ 比值低，为 0.15～0.33，平均为 0.24。硅质岩的 δCe 为 0.40～0.50，平均为 0.43，显示出明显的 δCe 负异常；δEu 为 1.08～1.25，平均为 1.19，显示出一定的 δEu 正异常。出现 LREE＞HREE 的特征可能是由于水源混入了向下渗透的海水，造成 LREE 富集（彭军等，1999a）。因此，硅质岩稀土元素地球化学特征表明，本区硅质岩具有一定的热水沉积特征。

黑色页岩的稀土总量为 110.53～462.30 ppm，平均为 228.43 ppm，轻/重稀土值为 2.57～4.54，平均为 3.71，并且呈现出明显的 Ce 负异常（0.57），弱的 δEu 正异常（1.17），在 PAAS 标准化稀土配分模式图上，曲线平缓，表明与正常海相沉积的寒武系页岩特征相似（彭军等，1999b；Mazumdar et al., 1999）。

重晶石矿石的稀土元素总量低，为 8.59～37.93 ppm，平均为 17.98 ppm；轻/重稀土值为 1.94～3.46，平均为 2.67；（La/Yb）$_N$ 值为 0.19～0.39，平均为 0.28。

表现出 LREE＞HREE，但相对 PAAS 仍更为富集重稀土元素。重晶石矿石的 δCe 为 0.30～0.47，平均为 0.38，表现了强烈的 δCe 负异常。相比而言，δEu 表现出强烈的正异常，为 3.23～8.40，平均为 5.75。δEu 正异常通常被视为海底热液喷流成因块状硫化物矿床的典型特征之一（Graf，1977; Barrett et al., 1990; Peter and Goodfellow, 1996; Jiang et al., 2006），而 δCe 负异常通常出现于现在的海水热液系统中（Jiang et al., 2006），因此矿石样品中的这种 δEu 正异常和 δCe 负异常显示出了海底热液的输入，并对重晶石矿床形成起到了重要影响，这与前述岩石矿物学的观测研究结果相一致。

4.4　有机地球化学

天柱大河边重晶石矿床含矿岩系富含有机质，因此可通过对有机地球化学特征的研究，探讨有机质母质的来源、热成熟演化及对矿床成因的指示等意义。

4.4.1　基础有机地球化学

如表 4-4 所示，剖面自下而上有机碳（TOC）的含量：硅质岩为 1.28 %（$n=2$），下伏黑色页岩为 8.36 %（$n=1$），重晶石矿石为 0.96 %（$n=5$），上覆黑色页岩为 7.55 %（$n=1$），可见矿层处有机碳含量最低。对比前人对大河边矿床样品的有机碳分析结果（吴朝东等，1999），重晶石为 1.89 %，黑色页岩为 11.54 %，变化趋势类似。对于硫含量，由于重晶石矿石中含有大量的硫，而黑色页岩中仅含有少

表 4-4　大河边重晶石剖面样品有机碳、硫、氯仿沥青"A"含量、沥青反射率、干酪根 $\delta^{13}C_{PDB}$

样品号	岩性	TOC/%	S/%	氯仿沥青"A"/10⁻⁶	沥青反射率/%	干酪根 $\delta^{13}C_{PDB}$/‰
GTZ-01	硅质岩	0.78	0.07	24.59	2.11	−34.8
GTZ-04	硅质岩	1.77	0.16	81.21	2.15	−35.0
GTZ-06	黑色页岩	8.36	2.95	15.79	3.81	−35.1
GTZ-07	重晶石矿	0.24	6.8	34.03	3.43	−31.1
GTZ-11	重晶石矿	1.01	6.65	22.39	2.32	−33.5
GTZ-12	重晶石矿	0.53	5.85	86.35	3.33	−30.5
GTZ-15	重晶石矿	0.55	5.94	8.15	2.44	−33.5
GTZ-17	重晶石矿	2.46	5.66	10.59	3.08	−34.2
GTZ-22	黑色页岩	7.55	0.63	39.28	3.42	−34.2

注：$\delta^{13}C_{PDB}$ 指以美国南卡罗来纳州白垩系 Pee Dee 组拟箭石（PDB）为标准的碳同位素组成。

量的重晶石与黄铁矿，故重晶石的硫含量最高，为 6.18 %（$n=5$），其次为下伏黑色页岩 2.95 %（$n=1$），上覆黑色页岩 0.63 %（$n=1$），硅质岩的硫含量最低，为 0.12 %（$n=2$），反映了硫含量对成矿的重要性。

氯仿沥青"A"含量是除 TOC 外，常用来表征有机质丰度的一个重要指标（Peters et al., 2005）。如表 4-4 所示，样品的氯仿沥青"A"含量均很低，小于 $100×10^{-6}$，沿剖面其含量自下而上为：硅质岩为 $52.90×10^{-6}$（$n=2$），下伏黑色页岩为 $15.79×10^{-6}$（$n=1$），重晶石矿石为 $32.30×10^{-6}$（$n=5$），上覆黑色页岩为 $39.28×10^{-6}$（$n=1$）。可见剖面中氯仿沥青"A"含量变化很大，即使同为重晶石矿层，其含量变化范围也可达 $78.20×10^{-6}$。因此较低的氯仿沥青"A"含量及较大的氯仿沥青"A"含量的变化，反映了有机质在成岩过程中的消耗，故样品很可能经历过较高的热成熟演化（张辉等，2008），有机质在成岩过程中经历了一定程度的消耗。这也在沥青反射率中得到了体现，样品的这一数据均高于 2.00 %，表明矿床中的有机质已达到过成熟演化阶段（Peters et al., 2005）。

样品干酪根的 $\delta^{13}C_{PDB}$ 有一定变化（表 4-4），其中，硅质岩的干酪根 $\delta^{13}C_{PDB}$ 总体分布在 –35.0 ‰～–34.8 ‰，平均为 –34.9 ‰（$n=2$），下伏黑色页岩为 –35.1 ‰（$n=1$），上覆黑色页岩为 –34.2 ‰（$n=1$），重晶石矿石为 –34.2 ‰～–30.5 ‰，平均为 –32.6 ‰（$n=5$）。同位素组成反映干酪根碳主要来源于低等腐泥型有机质（孙涛等，2013）。因此，重晶石矿层处的同位素组成变化较大，而其他样品的变化相对不大，可能说明矿床形成过程中有外来地质作用的叠加（李任伟等，1999）。结合前面的有机质丰度、成熟度分析及岩石矿物学分析，推测这种地质作用是热水。在热水作用下，轻的碳同位素被带走，剩下较重的碳同位素，使测得的干酪根碳同位素正漂，并且变化较大（张爱云等，1992；李任伟等，1999），此外，也导致有机质损耗，使有机质丰度反而降低（张辉等，2008）。

4.4.2　生物标志化合物

在大河边重晶石矿石与围岩中普遍检测出丰富的生物标志化合物，包括正构烷烃、类异戊二烯烃、萜类化合物和甾类化合物四大类。

1. 正构烷烃

剖面序列中不同岩性的样品内均检出了具有相似分布特征的正构烷烃系列（表 4-5，图 4-12），其碳数分布范围主要为 C_{16}～C_{34}，部分样品可检测到 C_{15}、C_{35}、C_{36}。样品在饱和烃气相色谱图上均呈典型的单峰型分布，且所有样品主碳峰均为

C_{18}，表现为前峰，$\sum C_{21}^-/\sum C_{22}^+$ 为 1.83～4.96，具低碳数优势。通常认为，正构烷
烃烃数分布范围广（C_{10}～C_{40}，集中在 C_{23}～C_{35}），以 C_{27}、C_{29}、C_{31} 高碳数为主，
奇偶优势高，这些特征代表陆源高等植物或混有高等植物来源的沉积物；相比而
言，以中等分子量碳数分布为主、主峰碳为 C_{16}～C_{18}、不具明显奇偶优势，这些
特征往往指示低等浮游生物（包括细菌和藻类）（李任伟等，1988；刘家军等，2007）。
对比大河边样品的特征，其反映出有机质来源与浮游生物、藻类及细菌生物有关
（Peters et al.，2005）。矿石与围岩样品的奇偶优势（OEP）为 0.28～0.52，表现出
较强的偶碳优势，反映还原的沉积环境，并且沉积水体盐度可能较高（Peters et al.，
2005）。

表 4-5　重晶石矿床黑色岩系饱和烃气相色谱分析结果

样号	岩性	主峰碳	$\sum C_{21}^-/\sum C_{22}^+$	OEP	Pr/nC$_{17}$	Ph/nC$_{18}$	Pr/Ph
GTZ-01	硅质岩	C_{18}	4.96	0.48	1.42	1.16	0.34
GTZ-04	硅质岩	C_{18}	3.22	0.52	1.31	1.09	0.38
GTZ-06	黑色页岩	C_{18}	2.18	0.5	1.37	1.17	0.33
GTZ-07	重晶石矿	C_{18}	3.02	0.5	1.3	1.02	0.29
GTZ-11	重晶石矿	C_{18}	3.58	0.4	1.18	0.79	0.32
GTZ-12	重晶石矿	C_{18}	1.99	0.42	1	0.61	0.3
GTZ-15	重晶石矿	C_{18}	2.99	0.38	1.2	0.82	0.16
GTZ-17	重晶石矿	C_{18}	2.22	0.43	1.42	0.97	0.23
GTZ-22	黑色页岩	C_{18}	1.83	0.28	1.18	0.58	0.38

2. 类异戊二烯烃

矿石与围岩样品中均检测出了类异戊二烯烃（表 4-5，图 4-12），其中最重要
的是姥鲛烷（Pr）和植烷（Ph）。Pr/Ph 值可作为判断环境的有用指标，一般认为
Pr/Ph<1.0 是指示缺氧还原沉积环境，而 Pr/Ph>1.0 则指示氧化条件（李任伟等，
1988；Peters et al.，2005）。大河边重晶石矿床矿石与围岩 Pr/Ph 值范围在 0.16～
0.38，具有强烈的植烷优势，反映成岩环境为较强的还原条件。Pr/nC$_{17}$ 值为 1.00～
1.42，平均为 1.26，显示出姥鲛烷优势；Ph/nC$_{18}$ 值为 0.58～1.17，平均为 0.91，
显示出正构烷烃优势，均反映了还原环境，进一步印证了前述对正构烷烃分析形
成的认识。

3. 萜类化合物

重晶石矿床矿体及其围岩中均检出了丰富的三环萜烷、五环三萜类（藿烷）系列化合物及少量的四环萜烷（表4-6，图4-13）。从 m/z 191 质量色谱图上可见，所有样品均以 C_{30} 藿烷为主峰，相对丰度为五环三萜烷＞三环萜烷＞四环萜烷。

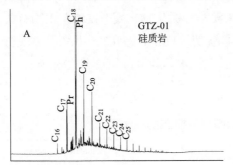
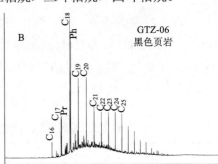
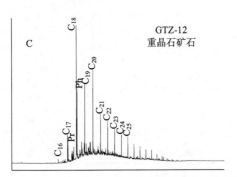
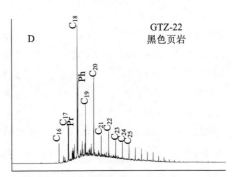

图 4-12　大河边重晶石矿床剖面矿石与围岩的饱和烃气相色谱图

表 4-6　天柱大河边重晶石矿床矿石及围岩饱和烃气相质谱分析结果

样品号	岩性	$C_{24}/$（$C_{24}+C_{26}$）萜烷	Ts/Tm	γ蜡烷/C_{30}藿烷	孕甾烷/C_{29}甾烷	C_{27}/C_{29}甾烷	规则甾烷/Tm	$C_{29}\alpha\alpha\alpha$ 20S/（20S+20R）	重排甾烷/规则甾烷	C_{30}-4-甲基甾烷/C_{29}甾烷
GTZ-01	硅质岩	0.34	0.95	0.14	1.10	1.07	7.78	0.47	0.24	0.23
GTZ-04	硅质岩	0.38	1.11	0.17	2.44	1.50	7.39	0.50	0.29	0.20
GTZ-06	黑色页岩	0.39	0.86	0.17	1.52	1.16	6.17	0.50	0.23	0.22
GTZ-07	重晶石矿	0.33	1.17	0.17	1.85	1.48	6.93	0.48	0.43	0.20
GTZ-11	重晶石矿	0.37	1.13	0.18	1.90	1.51	6.16	0.47	0.30	0.20
GTZ-12	重晶石矿	0.33	1.01	0.20	0.72	1.22	5.78	0.46	0.30	0.23
GTZ-15	重晶石矿	0.38	1.00	0.18	1.42	1.23	7.02	0.49	0.24	0.21
GTZ-17	重晶石矿	0.36	1.18	0.14	1.28	1.32	6.18	0.47	0.31	0.20
GTZ-22	黑色页岩	0.33	1.17	0.18	1.41	1.41	8.03	0.48	0.40	0.21

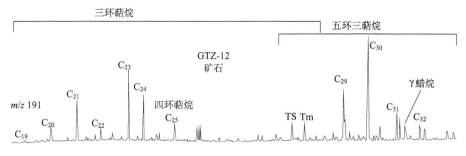

图 4-13 天柱大河边重晶石矿床矿石萜烷质量色谱图

三环萜烷碳数分布较宽，检测到 C_{19}～C_{29} 系列，以 C_{21}、C_{23} 为主峰。其中 C_{20}、C_{21}、C_{23} 三环萜烷呈上升型，反映沉积水体有一定盐度（Peters et al.，2005）。C_{24} 四环萜烷通常被认为是反映沉积水体盐度高低的一个指征参数（Peters et al.，2005），大河边样品中 C_{24} 四环萜烷/（C_{24} 四环萜烷+C_{26} 三环萜烷）为 0.33～0.39，平均为 0.36，显示出一定的 C_{24} 四环萜烷含量，进一步反映沉积水体具有一定盐度。

五环三萜烷碳数分布范围为 C_{27}～C_{35}，所有样品中均检出了 Ts、Tm 和 γ 蜡烷等化合物（图 4-13）。Ts/Tm 值受沉积环境和热演化成熟度的影响，Ts/Tm<1 通常指示高盐度环境，而 Ts/Tm>1 指示低盐度环境，此外，这一比值还与热演化程度具有正相关关系（Moldowan et al.，1986；Peters et al.，2005）。在重晶石矿床黑色岩系中，重晶石矿石的 Ts/Tm 值为 1.00～1.18，平均为 1.10；硅质岩的 Ts/Tm 值为 0.95～1.11，平均为 1.03。相比而言，下伏黑色页岩的 Ts/Tm 值为 0.86，而上覆黑色页岩的 Ts/Tm 值为 1.17，显示出由老至新该比值逐渐升高的趋势，可能反映重晶石在形成过程中，海水盐度经历了由低到高再由高到低的转变过程。

γ 蜡烷是一类重要的五环三萜类化合物，常出现在高盐度的咸水沉积物中（Peters et al.，2005），其前身物是四膜虫醇，广泛分布于原生动物（Ourisson et al.，1987）和光合硫细菌（Kleemann et al.，1990）中，一般认为高含量的 γ 蜡烷是高盐度水体沉积的标志。重晶石矿石与围岩样品中普遍检出低丰度的 γ 蜡烷，其 γ 蜡烷/C_{30} 藿烷值为 0.14～0.20，平均为 0.17，均有一定的含量，反映了重晶石矿床形成于具有一定盐度的海水环境中。

4. 甾类化合物

大河边样品中检出了丰富的甾类化合物（表 4-6，图 4-14），在 m/z 217 质量色谱图上发现了孕甾烷、规则甾烷（C_{27}～C_{29}）、重排甾烷（C_{27}、C_{29}）及少量的

4-甲基甾烷。孕甾烷/C$_{29}$甾烷值为0.72～2.44，平均为1.52，显示出较高的低等藻类输入。

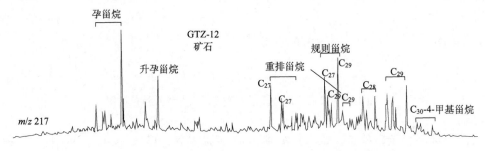

图4-14　天柱大河边重晶石矿床矿石甾烷质量色谱图

规则甾烷通常用来反映有机质母源的输入，并认为C$_{27}$甾烷主要来自浮游生物，而C$_{29}$甾烷主要反映来自高等植物（Huang and Meinschein, 1978; Peters et al., 2005）和一部分藻类（吴庆余，1986）。重晶石矿床w（C$_{27}$甾烷20R）/w（C$_{29}$甾烷20R）值为1.07～1.51，其中重晶石平均值为1.35，围岩平均值为1.28，均反映了浮游生物占优势。

w（规则甾烷）/w（17α（H）-藿烷）值反映了真核生物与原核生物对有机质的贡献，高含量的甾烷及高的w（甾）/w（藿）值是主要来源于浮游或底栖类生物的海相有机质的特征（Moldowan et al., 1986）。所有样品中w（规则甾烷）/Tm为5.78～8.03，其中重晶石平均值为6.41，围岩平均值为7.34，反映有机质来源于浮游生物中的藻类，矿石与围岩的参数差异可能是因为重晶石在形成过程中遭受了较强的微生物消耗和改造。

C$_{29}$甾烷ααα20S/（20S+20R）值为0.46～0.50，平均为0.48，接近0.5，表明该区在寒武纪早期经历了相同的、稳定的热演化趋势，且已达到成熟演化阶段。

重排甾烷系列在研究区黑色岩系样品中普遍存在，碳数分布为C$_{27}$、C$_{29}$，丰度C$_{27}$＞C$_{29}$。重排甾烷/规则甾烷值为0.23～0.43，平均值为0.30，也反映有机质来源于低等生物。

所有样品中均检测出4-甲基甾烷，C$_{30}$-4-甲基甾烷/C$_{29}$甾烷值为0.20～0.23，平均为0.21，表明沉积环境为咸水环境，这与前面其他生物标志物的认识基本一致。

4.5 硫同位素地球化学

4.5.1 硫同位素组成

对天柱大河边重晶石矿床中重晶石的硫同位素进行研究，分析结果见表 4-7。可见，天柱重晶石矿床硫同位素组成为+36.7‰～+43.8‰，平均为 40.2‰，极差为 7.1‰，呈明显的塔式分布（图 4-15），并高于 30‰的早寒武世海水（Hosler and Kaplan, 1966）。这种重晶石富 ^{34}S 同位素的特点处于华南早寒武世其他重晶石矿床重晶石硫同位素组成（+22.1‰～+71.8‰）（Wang and Li, 1991；彭军等，1999a）范围内，也与国外其他研究实例类似，其中包括美国内华达州层状重晶石成矿带（+20.9‰～+28.6‰）（Clark et al., 2004）及印度 Mangampeta 层状重晶石矿床（+41.8‰～+45.5‰）（Clark et al., 2004）。

表 4-7　天柱大河边重晶石矿床重晶石硫同位素组成

样品编号	δ^{34}S/‰	样品编号	δ^{34}S/‰	样品编号	δ^{34}S/‰	样品编号	δ^{34}S/‰
GTZ-07	+42.5	GTZ-13	+43.4	GT-8	+41.6	DHB-7	+39.1
GTZ-08	+39.2	GTZ-14	+39.7	GT-10	+40.9	TZ-27	+40.9
GTZ-09	+37.6	GTZ-15	+41.4	GT-12	+39.5	TZ-30	+40.6
GTZ-10	+37.9	GTZ-16	+40.5	DHB-4	+40.9	TZ-32	+40.4
GTZ-11	+41.4	GT-4	+41.4	DHB-5	+37.3	TZ-34	+39.6
GTZ-12	+43.8	GT-6	+40.9	DHB-6	+36.7	D10	+38.4

注：D10 数据来自吴朝东等，1999b；GT、DHB 和 TZ 系列样品数据来自吴卫芳等，2009。

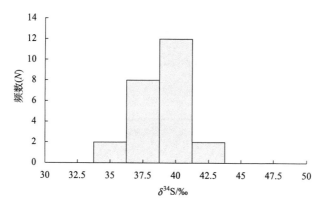

图 4-15　天柱大河边重晶石矿床重晶石 δ^{34}S 分布直方图

4.5.2　硫的来源及其形成环境

地质过程可以引起环境中含硫化合物硫同位素的分馏，如在吸附、淋溶、蒸发及硫化物的氧化反应过程中，虽然可以产生一定的硫同位素分馏，但均不明显（Fry et al., 1986；陈道公等，1994；Habicht et al., 1998；彭立才等，1999；常华进等，2004）。硫酸盐无机还原过程需要在 250 ℃以上才能还原硫酸盐，现实中这种反应只发生于 250 ℃以上的热液体系或地壳深部环境。因此在自然界中，更多的硫同位素分馏是生物作用引起的硫酸盐异化还原过程导致的。

由于 ^{34}S 的原子半径比 ^{32}S 大，因此在硫酸盐还原过程中，硫酸盐还原细菌对 ^{32}S 的新陈代谢速度比 ^{34}S 要快得多，所以产生相对贫 ^{34}S 的 H_2S，使残留的硫酸盐相对富集 ^{34}S（Wang and Li, 1991；Poole and Emsbo, 2000；Aharon and Fu, 2003）。而典型的硫酸盐还原菌可以产生 15 ‰～60 ‰的 SO_4^{2-} 对 H_2S 的硫同位素分馏，平均值为 40 ‰（Ohmoto and Rye, 1979；冯东等，2005）。

天柱大河边重晶石矿床重晶石硫同位素组成为+36.7 ‰～+43.8 ‰，平均为40.2 ‰，这种强烈的富 ^{34}S 同位素特征，超过了同时期海水硫酸盐的最高值+30 ‰，说明重晶石的形成与生物作用密切相关。高的 $\delta^{34}S$ 特征，反映了硫主要来自海水，并遭受了硫酸盐还原菌的强烈作用。

硫同位素分馏的大小主要取决于硫酸盐还原的速度，又受到供给硫酸盐还原细菌营养的速度的影响（王忠诚等，1993）。前文已经论述了重晶石矿床形成于缺氧还原的环境中，热水活动强烈，有机质产率较高，为硫酸盐还原菌的繁衍提供了有利的条件。而重晶石有机碳含量（平均为 0.96 %）明显低于黑色页岩的有机碳含量（7.55 %和 8.36 %），可能是硫酸盐还原菌的作用使大量有机质被消耗，导致硫酸盐的输入远低于被硫酸盐还原菌的消耗，从而使残留的硫酸盐有更高 $\delta^{34}S$ 值。这种重硫同位素富集反映了矿床形成于海水交换有限的封闭—半封闭海盆系统。

4.6　成矿作用与成矿模式

4.6.1　成矿环境

大河边重晶石矿区位于宜昌－都匀大断裂带的南沿部分，该断裂处于台地相与深水盆地相的过渡斜坡带上（Yang et al., 2008）。从震旦纪开始，扬子地台东南缘形成陆缘裂谷，并在部分地区发育有基性火山岩（陈多福等，1998），显示出异常的区域地热背景。晚震旦世—早寒武世，该区同生断裂发育，沿断裂带一线的桑植—吉首—新晃—天柱—台江均有重晶石矿分布，其中天柱大河边一带为该断裂深部热（液）水喷流中心（Yang et al.，2008）。此时，扬子地台东南缘形成平缓的宽阔陆架盆隆系统，江南古陆呈平行于海岸起伏的岛链分布。古陆与海隆形成了屏障，抑制了海水回流，控制了封闭—半封闭的非补偿性盆地沉积环境。在早寒武世，研究区属非补偿性的边缘海沉积，天柱大河边重晶石矿床就分布于其间的盆地边缘，并且紧邻海隆，成矿环境多属于封闭—半封闭类型（Yang et al.，2008）。

4.6.2 成矿元素来源

钡与硫是形成重晶石的基本元素，其来源直接关系到矿床成因。硫同位素组成特征可以示踪硫的来源，本研究对大河边矿床重晶石的硫同位素研究结果显示，同位素组成为+36.7 ‰～+43.8 ‰，平均为+40.2 ‰，高于同时期早寒武世海水+30 ‰的 $\delta^{34}S$ 值（Hosler and Kaplan，1966），显示出强烈的富硫特征，表明硫主要来自海水，且受到强烈的硫酸盐还原菌的作用，生成富 ^{32}S 的 H_2S 和低 ^{34}S 的硫化物，使残留的硫酸盐越来越富 ^{34}S，形成高 $\delta^{34}S$ 的重晶石。

钡的来源一直存有争议。有学者提出钡来自大陆风化的岩石（褚有龙，1989）；还有学者认为钡来自海水，由于生物的吸收沉于海底，并经历了溶解、迁移和再沉积的成矿过程（高怀忠，1998）；而更多的学者认为钡来源于地下热卤水，由于下渗海水淋滤了深部基地中富含钡的岩石。一些学者通过古生物学、岩石矿物学、元素地球化学、同位素地球化学等多种方法进行论证，取得了许多关于钡为热水作用来源的证据（吴朝东等，1999b；夏菲等，2004，2005a，2005b；Yang et al.，2008）。

本次工作研究发现，矿床中钡主要以重晶石与环带钡冰长石的形式存在，结合二者形态及共生关系，表现出同生沉积特征。环带钡冰长石仅发现于矿石中，且这种外带高 Ba 低 K 的环带特征，反映了矿床形成于一个热水、断控、幕式、渐进的富钡流体喷流环境。因此，本次工作不仅进一步揭示了重晶石矿床钡的热水成因，还揭示了其成矿过程。

微量元素特征显示重晶石的陆源输入较少，而重晶石与黑色页岩的成因存在差异。稀土元素 δCe 负异常、δEu 正异常也表现出矿床受到明显的热水沉积作用。而矿床 Y/Ho 值特征表明重晶石的 REE 可能更多的来自海水，黑色页岩的 REE 则来自陆源与海水的混合。

有机地球化学特征显示，围岩具有较高的有机碳含量，而矿层中有机碳含量较低，且氯仿沥青"A"含量变化较大，成熟度达到过成熟，反映矿床在形成后经历了强烈的地质作用的改造，特别是热水作用的影响。

因此，本书认为钡主要来自热卤水对基底岩石的淋滤。此外，需要注意的是，不能排除生物从海水中对钡的吸收，海水也可能提供了一定的成矿物质。因为生物标示化合物特征显示，成矿黑色岩系中检测出了丰富的生物标志化合物，其母质来源为低等浮游生物及细菌等，表明在重晶石形成过程中也有着大量生物的参与。Yang 等（2008）在天柱寒武系底部重晶石矿床中发现了大量热水生物群，因此生物也可能对钡起到了富集作用。

4.6.3　生物有机成矿作用

1. 生物类型

华南早寒武世海洋中，发育有大量古生物群落。以贵州寒武系为例，地层从底部到顶部发育牛蹄塘生物群，有海绵、节肢、刺细胞、软体等动物和藻类等化石 14 属；台江生物群由刺细胞、海绵、腕足、软体、蠕形、节肢等动物和藻类等化石共 39 属；还拥有 80 属的凯里生物群（赵元龙等，1999）。

由此可见，在早寒武世海洋中，生物非常活跃。本书对重晶石矿床有机地球化学研究发现，矿石中有一定数量的有机质，在围岩中检出的有机碳含量最高可达 8.36%，表明矿床形成时有较高的生物生产率。而对矿石样品有机质的生物标志物研究，表明有机质主要来源于低等藻类、细菌等，与已有的研究成果一致（赵元龙等，1999；杨瑞东等，2007a）。

2. 成矿作用

华南早寒武世海洋中生活着大量藻类、细菌等低等水生生物，生物对元素的富集对矿床的形成起到了重要的作用。主要表现为以下几个方面：①生物有机质的富集作用，如活体生物的富集作用、沉积有机质的富集作用；②生物有机质的运移作用，如成矿元素被生物吸附，经运移可在其他地方发生沉积；③生物有机质促使元素沉积成矿，如生物生长或者死亡后，可改变水体或沉积区的氧化还原条件，促使元素沉淀等（蒋干清，1992；殷鸿福等，1994；叶连俊，1998）。

大河边重晶石矿区位于大陆斜坡下部，因此底栖生物不发育，只有少量浮游生物发育，但由于热水喷流作用，所以热水生物群大量发育，不缺乏生物有机质。

生物机体死亡沉淀,使得海水,特别是受限制海盆海水呈缺氧的还原环境(Falkner et al., 1993),进而生物产率较高,钡离子的富集与生物活动及高的生物产率有关(Dymond et al., 1992),且浮游类生物及原生生物对重晶石的沉淀具有重要作用(Hanor, 2000)。因此生物有机质对重晶石矿床的形成可能具有重要作用。

4.6.4　成矿模式

目前对天柱大河边重晶石矿床的成因主要存在三种观点:陆源化学沉积成因(褚有龙,1989)、生物化学沉积成因(高怀忠,1998)、海底热水(液)成因(胡清洁,1997;彭军等,1999a;吴朝东等,1999b;方维萱等,2002;夏菲等,2004,2005a,2005b;Yang et al., 2008)。以下分别对这几种成因模式进行分析,并且在此基础上,根据本书实验结果,提出新模式。

1. 陆源化学成因模式

陆源化学沉积成因模式认为 Ba 来源于大陆风化的岩石。基岩风化过程中含 Ba 硅酸盐及磷酸盐矿物分解,Ba 呈真溶液或被硅质胶体吸附,由河流搬运至浅海,溶解的或从胶体中解离出来的 Ba^{2+} 在适当的成矿条件下与 SO_4^{2-} 结合,沉淀成矿。这种成因模式在提出时多以理论推测为主。实际上,由于河水中 Ba 的平均质量分数不高(Ba 质量分数为 45 ppm),且极易被水解物吸附,多在近海被吸附沉淀,只有少量能进入较深的海盆中(刘英俊,1984),所以并不能形成规模如此巨大、品位如此高的重晶石矿床。且矿床微量元素地球化学特征显示,重晶石矿床受到陆源碎屑的影响较少,故该种成因模式的可能性可基本排除。

2. 海底热水(液)成因模式

重晶石的热水(液)成因模式认为海水在热的岩浆影响下与玄武岩及基底沉积物发生反应,转变成富钡的热液流体(Poole, 1988),并沿着断裂运移,在海底发生喷流,钡与海水中的硫酸盐结合形成重晶石矿床(Lydon et al., 1985; Clark et al., 1991)。一些学者通过古生物学、岩石矿物学、元素地球化学、同位素地球化学等多种方法进行论证,取得了许多关于热水(液)作用的证据(胡清洁,1997;彭军等,1999a;吴朝东等,1999b;方维萱等,2002;夏菲等,2004,2005a,2005b;杨瑞东等,2007a;Yang et al., 2008),如在重晶石矿床中发现有典型的钡冰长石、闪锌矿、黄铜矿、菱铁矿、铁白云石等热水沉积矿物(方维萱等,2002;夏菲等,2005a)、热水(液)喷流沉积构造(如脉状、冲刷、饼状体、柱状体、块状、斑状、水平纹层、碳质膜壳等构造）（杨瑞东等，2007b）、微量元素证据（吴朝东等，1999b），以及 Pb、Sr 等同位素证据等（夏菲等，2004，2005b）。

本书也在低品位的重晶石矿石中发现典型热水沉积矿物——钡冰长石，且具明显的环带特征，表明重晶石的形成经历了一个热水、断控、幕式、渐进的热液作用过程。稀土元素的 δEu 正异常和 δCe 负异常也显示出海底热液的作用。有机地球化学特征研究显示出的过成熟的有机质演化、有机质含量波动较大以及生物标志化合物特征也说明矿床受到热水（液）流体作用的影响。因此，大河边重晶石矿床在形成过程中经历了强烈的热水沉积作用。

3. 生物化学沉积成因模式

生物化学沉积作为一种成因模式主要基于现代海岸上升流系统具有较高的生物产率（Jewell and Stallard，1991；高怀忠，1998）的认识。富营养的冷海水运移至大陆架之上促进了生物的生长，同时生物机体死亡沉淀，使得海水，特别是受限制海盆海水呈缺氧的还原环境（Falkner et al.，1993），而钡的富集与这种高生物产率的深海沉积物有一定的相关性（Dymond et al.，1992）。

华南早寒武世海洋中，发育有大量古生物群落，矿床中含有大量有机质，可检测出多种生物标志化合物。由此可见，在早寒武世海洋中，生物非常活跃，且重晶石矿床矿石中已发现有一定数量的有机质，特别是在围岩中检出的有机碳含量最高可达 8.36 %。同时矿石的有机碳含量明显低于围岩——黑色页岩中的有机碳含量，推测有机质在矿床形成过程中被消耗，对重晶石的形成与聚集起到一定的作用，这点可由较高的硫同位素特征所指示。因此，本书认为除受到热水作用的影响之外，生物对重晶石的成矿也起到了促进作用。

4. 生物-热水-海水三元叠合成矿成因模式

综上所述，可见大河边重晶石矿床的形成既可能与热水作用有关，也可能与生物有机质作用有关，相比而言，海水的影响较弱。据此，本书提出生物化学与热水喷流沉积相结合的成因模式（图 4-16）。实际上，目前在现代大洋中也发现有生物及其有机质对 Ba 富集起促进作用的成矿实例，如现代美国加利福尼亚州的 Borderland 海底就发现有这种类型的重晶石矿床（Clark et al.，2004）。

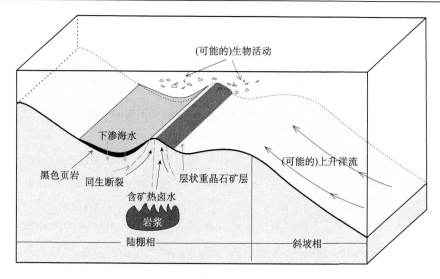

图 4-16　重晶石矿床生物化学-热水喷流复合成因模式图

　　晚震旦世到早寒武世时期，扬子古大陆东南部属于广阔的陆表浅海和陆架盆地海域，天柱—新晃—玉屏形成一个台缘沉积盆地（范德廉等，2004）。沉积盆地中央部位发育基底隆起（新晃—三穗），将一级沉积盆地分割成西部玉屏二级沉积盆地及东部天柱—新晃二级沉积盆地。同生断层活动造成沉积盆地基底不断下降，又将东、西两个二级沉积盆地分割成若干三级断陷沉积盆地（方维萱等，2002）。

　　天柱大河边地区处于大陆斜坡下部，浮游生物与底栖生物不发育，但由于热水喷流作用强烈，发育有大量以藻类、海绵骨针、管状生物等为特征的热水生物群，这些生物大量吸收表层海水中的 C、P、Si、V、Ba 等元素，死亡后这些元素随有机体沉入海底。同时有机质与黏土矿物对 V、Ba、Mo、U 等进行吸附，由于处于封闭—半封闭海盆环境，海盆内与广阔大洋海水交流有限，逐渐形成相对滞流还原的环境。此时，海盆不断拉张，海水及沉积建造水沿盆地内的裂隙及同生断裂下渗，淋滤了前寒武系基底地层，萃取了地层中的 Ba 等成矿物质，并与沿深大断裂向上运移的深源流体混合，形成含矿流体（热卤水）。同时由于同生断裂的持续活动，当热卤水达到一定深度后，受上覆地层承压作用的影响，沿着同生断裂和其他裂隙系统回返上升，向海底运移，发生喷流，使海底形成强烈的富 Ba 海水。当遇上海水中的 SO_4^{2-}，因温度压力的下降，氧化还原环境改变，在氧化还原界面，SO_4^{2-} 与 Ba^{2+} 便结合形成 $BaSO_4$ 沉淀，最终形成重晶石矿床。

第5章 华南早寒武世黑色岩系型矿床成矿作用差异与生物-热水-海水三元叠合成矿模式

华南早寒武世是全球研究黑色岩系型矿床，特别是成矿差异性的极佳选区，因为在这里发现了多种有用矿床，包括镍钼多金属、重晶石、磷、钒、铀和锰等矿床。然而，虽然这些矿床均赋存于黑色岩系中，但各个矿床赋存围岩均有差异，矿物组合多种多样，常具有多种元素相伴生的特点，反映了多种成矿作用、多期成矿作用的叠加融合。本章在前两章的基础上，进一步结合其他黑色岩系型矿床的研究成果，包括磷、钒等矿床，综合探讨成矿差异性，并建立了整个大区域的成矿模式。

5.1 黑色岩系矿床分布

华南地区早寒武世黑色岩系发育有多种矿床，如镍、钼、钒、钡、磷、铀、金等，其分布相当广泛，在空间上形成了多个成矿带（图2-2）。

镍钼多金属矿床分布：华南早寒武世镍钼多金属矿床主要分布于贵州遵义与湖南张家界地区，典型矿床有贵州遵义黄家湾矿床、天鹅山矿床，张家界地区包括大坪、三岔、柑子坪、后坪4个独立的矿床。

重晶石矿床：主要分布于湘黔交界的贡溪-坪地一带，含矿层一般位于寒武系下统的下部。虽然各矿床相距甚远，但各地含矿段地层的岩性却具有惊人的相似性，一般均为富含磷、钒（铀）、碳及硅质的黑色岩系。矿层以下多为硅质岩、含磷硅质岩和硅质板岩，为重要的磷矿层位。典型矿床有湖南新晃贡溪和贵州天柱大河边重晶石矿床。

磷矿床：我国沉积磷矿床资源主要分布在扬子地台东南缘与西缘、华北地块南缘和西缘，其中华南五省，包括云南、贵州、湖北、四川、湖南，就占全国累计探明资源储量的74 %（夏学惠等，2011）。沉积磷矿主要赋存在震旦系陡山沱组、下寒武统梅树村阶、古元古界上部溻沱群和古元古界顶部榆树砬子组等含磷岩系中。其中，早寒武世梅树村期是我国和世界主要成磷期之一，属于沉积型磷块岩，梅树村期磷矿主要分布于滇东、川中南、黔西北、陕南、湘北、湘西等地，典型磷矿床有织金含稀土磷矿床。

钒矿床：下寒武统黑色岩系中钒（铀）的矿化范围和规模比镍钼多元素富集层大得多。在湖北杨家堡及湖南临湘一带，江西杨林山、南山、上饶饭大，贵州东南及浙江石煤层中，均发现了钒矿床，其规模往往为大型甚至超大型（范德廉等，2004）。

5.2　成矿差异性基本特征

华南早寒武世各黑色岩系矿床在含矿岩系、矿石矿物组成、元素地球化学、有机地球化学特征方面均存在差异。

5.2.1　含矿岩系

华南早寒武世典型黑色岩系矿床含矿岩系特征如下（图 5-1）。

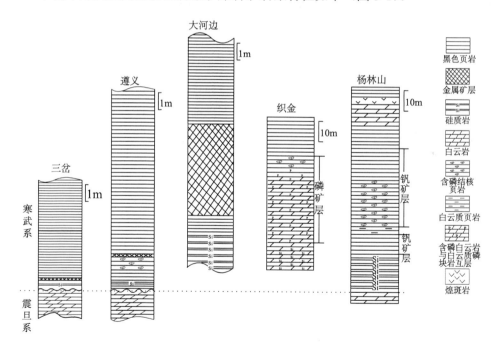

图 5-1　华南早寒武世典型黑色岩系矿床含矿岩系剖面图

三岔镍钼多金属矿床含矿岩系自下而上主要为下寒武统牛蹄塘组磷块岩及硅质岩、含磷结核层、镍钼多金属层、黑色页岩。

遵义黄家湾镍钼矿床含矿岩系自下而上主要为下寒武统牛蹄塘组铁锰氧化

物黏土岩（具古风化壳典型特征）、褐灰色含铀磷块岩夹透镜状白云岩（为西南地区开发磷矿的主矿层）、碳质粉砂质水云母黏土岩夹透镜状磷块岩、镍钼硫化物矿层、碳质水云母黏土岩（又称含钼钒石煤层）及粉砂质黏土岩（曾明果，1998）。

大河边重晶石矿床含矿岩系自下而上主要为含磷质结核的黑色页岩及薄层硅质岩、柱状重晶石夹碳质体、饼状体重晶石层、厚层块状重晶石层、硫化矿物-重晶石层、条带状重晶石矿层、透镜状重晶石层、含菱铁矿-黄铜矿-黄铁矿的重晶石层、含大量磷质-黄铁矿结核的碳质页岩。

织金磷矿床含矿岩系自下而上为下寒武统戈仲伍组硅质白云岩层、条带状白云质生物屑磷块岩与条带状含磷白云岩交替分布层、层状硅质磷块岩层、结核状磷块岩层、黑色碳质泥岩层（王敏，2004）。

湖南古丈双溪钒矿床含矿岩系自下而上为下寒武统木昌组硅质岩-钙质白云岩（白云岩）-黏土硅质岩-硅质磷块岩-碳质硅质白云岩-含磷质硅质岩-碳质硅质粉砂岩-碳质泥质硅质岩-碳质钙质白云岩-碳质钙质粉砂岩-硅质黏土岩（游先军，2010）。

5.2.2　矿石矿物组成

华南早寒武世各黑色岩系矿床的矿物组成差异很大，前文已对三岔镍钼矿床和天柱大河边重晶石矿床的矿物学特征进行了详细说明，此处不赘述，现一并将其他矿床的特征进行综述。

三岔镍钼矿床矿石矿物组成：金属矿物有黄铁矿、碳硫钼矿、针镍矿、辉砷镍矿、方硫镍矿、紫硫镍矿、铁辉砷镍矿、黄铜矿、闪锌矿、方铅矿等，脉石矿物有胶磷矿、石英、重晶石、白云石、方解石、云母、伊利石等。

遵义黄家湾镍钼矿床矿石矿物组成：金属矿物有黄铁矿、白铁矿、碳硫钼矿、针镍矿、辉砷镍矿、铁辉砷镍矿、紫硫镍矿、赫硫镍矿、闪锌矿、铜蓝等，脉石矿物有胶磷矿、石英、伊利石、方解石等。

天柱大河边重晶石矿床矿石矿物组成：重晶石、石英、钡冰长石、胶磷矿、高岭石、黄铁矿、黄铜矿、闪锌矿等。

织金新华磷矿床磷块岩的矿石矿物组成：泥晶磷灰石、碳酸盐矿物（以白云石为主）、绢云母、黄铁矿、铁锰氧化物、黏土矿物、绿泥石、沸石、重晶石、斜长石等。

古丈双溪钒矿床矿石组成：含钒伊利石、伊利石、石英、白云岩、胶磷矿、磷灰石、重晶石、方解石、白云母、黄铁矿、闪锌矿、硫铁镍矿、辉砷镍矿、针镍矿等。

5.2.3　元素地球化学

1. 常量元素地球化学

对典型黑色岩系矿床矿石的常量元素分析数据进行了收集与整理（表 5-1），发现各种类型矿床的常量元素含量差异较大（表 5-2，图 5-2）。其中，SiO_2 含量变化最大，钒矿石（平均为 64.74 %，n=6）>镍钼矿石（平均为 21.30 %，n=10）>磷矿石（平均为 11.23 %，n=15）>重晶石（平均为 1.43 %，n=5）。重晶石 K_2O、Na_2O 含量很低，没有表现出其他矿石的 K_2O 含量大于 Na_2O 含量的特点。各矿床矿石的 P_2O_5 含量变化较大，以磷块岩的含量最高（28.7 %～40.33 %，平均为 33.50 %，n=15）；镍钼矿石中，贵州遵义黄家湾矿床矿石 P_2O_5 含量为 25.9 %～30.88 %（平均为 28.54 %，n=5），明显高于湖南大庸镍钼矿石的 0.24 %～13.28 %（平均为 5.21 %，n=5）；而重晶石矿床与钒矿床的 P_2O_5 含量均低于 1 %，显示了镍钼矿床中有一定的磷含量，这也可以从三岔镍钼矿石矿物学特征看出。

$n(SiO_2)/n(Al_2O_3)$值是区分岩石物源的重要标志，Taylor 和 McLennan（1985）提出的陆壳值中 $n(SiO_2)/n(Al_2O_3)$值为 3.6，与此比值接近的岩石其物源应以陆源为主，超过此值的则多是生物或热水作用造成的。镍钼矿石、重晶石矿石、磷块岩及钒矿石的 $n(SiO_2)/n(Al_2O_3)$值分别为 2.05～82.93（平均为 16.56，n=10）、4.00～54.67（平均为 23.59，n=5）、3.33～72.60（平均为 12.07，n=15）、3.70～24.01（平均为 10.93，n=6），仅个别样品的 $n(SiO_2)/n(Al_2O_3)$值低于 3.6，显示出黑色岩系型矿床的形成多与生物和/或热水作用有关。

$n(Al_2O_3)/n(Al_2O_3+Fe_2O_3)$值可用来确定沉积岩的沉积大地构造环境，$n(Al_2O_3)/n(Al_2O_3+Fe_2O_3)$值为 0.6～0.9 时是大陆边缘环境，为 0.4～0.6 时是远洋深海环境，为 0.1～0.4 时是洋脊海岭环境（Murray et al.，1991，1994）。镍钼矿石、重晶石矿石、磷块岩及钒矿石的 $n(Al_2O_3)/n(Al_2O_3+Fe_2O_3)$值分别为 0.03～0.52（平均为 0.21，$n$=10）、0.14～0.64（平均为 0.44，$n$=5）、0.38～0.91（平均为 0.61，$n$=15）、0.55～0.98（平均为 0.70，$n$=6），显示出逐渐增大的趋势，表明镍钼矿石与重晶石矿石形成于洋脊海岭或远洋深海环境，而磷块岩与钒矿石形成于远洋深海或大陆边缘环境。

表 5-1 华南早寒武世典型黑色岩系矿床常量元素

矿石类型	样品位置	样品编号	SiO₂/%	TiO₂/%	Al₂O₃/%	Fe₂O₃/%	FeO/%	MnO/%	MgO/%	CaO/%	Na₂O/%	K₂O/%	烧失量/%	P₂O₅/%	CO₂/%	V/%	总量/%	SiO₂/Al₂O₃	Al₂O₃/(Al₂O₃+Fe₂O₃)	n(Al)/n(Al+Fe+Mn)	n(Si)/n(Si+Al+Fe)	来源
镍钼矿石		ZY-K-25	25.74	0.08	2.22	35.94	0.8	0.02	0.64	3.92	0.13	0.46	2.36	27.37	—	—	99.68	11.59	0.06	0.04	0.38	(1)
	遵义	200216	24.48	1.67	4.95	16.73	0.33	0.06	3.34	8.83	0.31	0.63	6.67	30.88	—	—	99.47	4.95	0.23	0.18	0.52	(2)
	黄家湾	200222	25.83	1.67	12.6	11.6	0.27	0.05	0.9	9.69	0.33	0.97	6.13	28.7	—	—	99.49	2.05	0.52	0.44	0.52	
		200226	22.53	1.8	6.91	13.63	0.25	0.01	5.61	11.38	0.24	0.54	3.73	29.85	3.1	—	99.58	3.26	0.34	0.27	0.52	
		200227	34.92	1.53	8.67	13.05	0.3	0.02	2.38	6.92	0.37	1.03	4.13	25.9	—	—	99.66	4.03	0.40	0.33	0.61	
矿石	大庸	1-D126	15.14	—	1.1	13.89	—	—	0.08	2.48	0.15	1.03	—	0.24	—	0.34	—	13.76	0.07	0.06	0.48	(3)
		2-D84	31.74	—	2.31	5.5	—	—	1.83	7.79	0.83	2.5	—	4.2	—	0.27	—	13.74	0.30	0.24	0.80	
		9-XJ42-4	12.59	—	0.71	5.41	—	—	8.26	3.45	0.3	0.4	25.78	13.28	—	0.06	—	17.73	0.12	0.09	0.66	
		10-XJ11-4	7.61	—	0.66	8.09	—	—	7.71	10.27	0.18	0.04	37.2	5.61	—	0.03	—	11.53	0.08	0.06	0.45	
		11-Qj5-4	12.44	—	0.15	4.98	—	—	2.45	1.98	0.24	0.3	46.06	2.7	—	0.31	—	82.93	0.03	0.02	0.69	

矿石类型	样品位置	样品编号	SiO₂/%	TiO₂/%	Al₂O₃/%	Fe₂O₃/%	MnO/%	MgO/%	CaO/%	Na₂O/%	K₂O/%	烧失量/%	SrO/%	BaO/%	SO₃/%	总量/%	SiO₂/Al₂O₃	Al₂O₃/(Al₂O₃+Fe₂O₃)	n(Al)/n(Al+Fe+Mn)	n(Si)/n(Si+Al+Fe)	来源
重晶石	贡溪	GX-2	1.21	—	0.03	0.19	0.04	0.19	0.02	0.02	0.48	0.01	0.11	63.87	33.85	—	40.33	0.14	0.11	0.84	(4)
		GX-4	1.08	0.01	0.27	0.16	0.06	0.27	0.01	0.03	0.6	0.03	0.35	63.37	33.79	—	4.00	0.63	0.56	0.73	
		GX-7	1.64	0.02	0.03	0.05	0.05	0.28	0.03	0.01	0.12	0.01	0.3	64.43	33.05	—	54.67	0.38	0.31	0.95	
		GX-8	1.3	0.01	0.11	0.16	0.05	0.25	0.02	0.02	0.4	0.02	0.25	65.43	33.07	—	11.82	0.41	0.34	0.83	
		GX-11	1.92	0.02	0.27	0.15	0.04	0.28	0.03	0.03	0.43	0.03	0.31	62.92	33.63	—	7.11	0.64	0.58	0.83	

续表

矿石类型	样品位置	样品编号	SiO₂/%	TiO₂/%	Al₂O₃/%	Fe₂O₃/%	FeO/%	MnO/%	MgO/%	CaO/%	Na₂O/%	K₂O/%	烧失量/%	P₂O₅/%	CO₂/%	总量/%	SiO₂/Al₂O₃	Al₂O₃/(Al₂O₃+Fe₂O₃)	n(Al)/n(Al+Fe+Mn)	n(Si)/n(Si+Al+Fe)	来源
磷矿	织金	G-4	8.36	0.4	1.03	0.1	0.04	0.01	0.3	45.21	0.04	0.31	3.5	40.33	—	99.63	8.12	0.91	0.83	0.89	(5)
		G-7	10.89	0.54	0.15	0.1	0.05	0.05	0.34	44.98	0.16	0.03	8.62	33.67	—	99.58	72.60	0.60	0.35	0.97	
		G-17	20.95	0.53	6.16	3.96	0.18	0.01	0.69	32.04	0.06	1.76	3.2	30	—	99.54	3.40	0.61	0.53	0.68	
		Z-9	3.05	0.44	0.2	0.11	0.05	0.04	3.85	50.07	0.18	0.16	8.34	33.33	—	99.82	15.25	0.65	0.42	0.90	
		200228	1.2	0.05	0.36	0.36	—	0.06	2.31	52.15	0.17	0.2	6.42	35.28	—	98.56	3.33	0.50	0.39	0.63	(2)
		200232	2.48	0.04	0.51	0.65	—	0.09	5.47	47.39	0.17	0.28	13.05	28.7	—	98.84	4.86	0.44	0.34	0.69	
		200234	5.35	0.04	0.5	0.25	—	0.03	2.06	49.62	0.17	0.33	5.57	33.91	—	97.84	10.70	0.67	0.57	0.89	
	新土沟	200205	13.96	0.05	1.02	1.63	—	0	0.08	39.64	0.17	0.36	11.26	30.13	—	98.32	13.69	0.38	0.32	0.84	
		200213	18.72	0.03	1.4	0.84	—	0	0.19	42.85	0.06	0.47	1.72	31.88	—	98.16	13.37	0.63	0.56	0.90	
	黄家湾	200217	14.01	0.5	3.36	1.36	0.1	0.04	2.15	41.03	0.31	0.35	1.1	34.33	0.96	99.6	4.17	0.71	0.63	0.76	
		200223	11.18	0.08	1.65	1.17	—	0.03	1.67	42.47	0.42	0.44	8.89	30.07	—	98.08	6.78	0.59	0.51	0.81	
	大坪	200241	15.04	0.53	3.34	2.02	0.37	0.01	0.89	41.01	0.25	0.82	0.9	34	—	99.88	4.50	0.62	0.51	0.73	
		200243	8.86	0.02	1.15	0.76	—	0	0.36	48.93	0.21	0.57	1.02	36.38	0.7	98.27	7.70	0.60	0.53	0.83	
	柑子坪	200248	6.81	0.03	1.88	1.51	—	0.01	0.17	47.99	0.19	0.47	1.74	37.54	—	98.34	3.62	0.55	0.48	0.68	
	后坪	200251	27.63	0.57	3.08	1.48	0.1	0.02	0.97	29.62	0.24	0.93	1.5	33	0.81	99.95	8.97	0.68	0.59	0.86	

矿石类型	样品位置	样品编号	SiO₂/%	TiO₂/%	Al₂O₃/%	Fe₂O₃/%	FeO/%	MnO/%	MgO/%	CaO/%	Na₂O/%	K₂O/%	烧失量/%	P₂O₅/%	V₂O₅/%	S/%	总量/%	SiO₂/Al₂O₃	Al₂O₃/(Al₂O₃+Fe₂O₃)	n(Al)/n(Al+Fe+Mn)	n(Si)/n(Si+Al+Fe)	数据来源
钒矿	双溪	ZK161	68.18	0.257	5.27	1.88	2.67	0.04	1.52	2.88	0.358	1.4	10.49	0.72	—	2.33	98	12.94	0.74	0.45	0.88	(6)
		土地冲-2	87.17	0.26	3.63	0.057	1.73	0.01	0.579	0.08	0.034	1.2	2.16	0.1	—	0.159	97.17	24.01	0.98	0.58	0.94	
	江西	G53	62.81	—	8.67	7.12	—	—	1.92	0.8	0.08	2.7	13.21	0.32	2.6	—	100.2	7.24	0.55	0.48	0.81	(3)
		G56	46.75	—	12.65	5.78	—	—	2.64	1.32	0.08	3.4	24.2	0.2	4.1	—	101.1	3.70	0.69	0.62	0.73	
	南山	G58A	60.91	—	7.59	5.4	—	—	1.16	0.77	0.09	1.9	18.69	0.2	3.76	—	100.5	8.03	0.58	0.52	0.83	
		G61	62.61	—	6.48	3.35	—	—	0.86	5.81	0.1	1.6	18.28	0.2	1.28	—	100.6	9.66	0.66	0.59	0.87	

注:"—"表示未测或者低于检测限。全书同。

数据来源:(1)周洁,2008;(2)王敏,2004,全书同;(3)范德廉等,2004;(4)彭军等,1999a;(5)施春华,2005;(6)游先军,2010。

表 5-2　各典型矿床常量元素典型参数平均值及指示意义

矿石类型	SiO_2/Al_2O_3	$Al_2O_3/(Al_2O_3+Fe_2O_3)$	$n(Al)/n(Al+Fe+Mn)$	$n(Si)/n(Si+Al+Fe)$	物质来源	沉积环境	受控因素	硅的来源
镍钼矿	16.56	0.21	0.17	0.56	生物、热水为主	洋脊海岭或远洋深海	热水	碎屑
重晶石	23.59	0.44	0.38	0.84	生物、热水为主	洋脊海岭或远洋深海	热水	碎屑
磷矿	12.07	0.61	0.50	0.80	生物、热水为主	接近大陆边缘	陆源	碎屑
钒矿	10.93	0.70	0.54	0.84	生物、热水为主	接近大陆边缘	陆源	碎屑

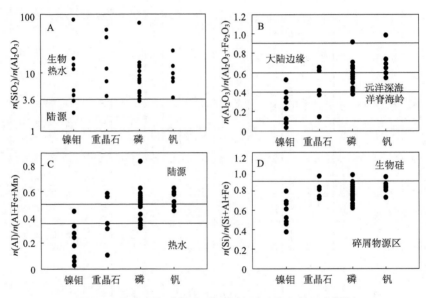

图 5-2　华南早寒武世典型黑色岩系矿床主量元素图解

　　海洋沉积物中铁、锰的富集主要与热水参与有关,而铝的富集则与陆源参与有关,因此三者的含量关系可以用于示踪沉积岩的物源。Jewell 和 Stallard(1991)提出沉积岩中 $n(Al)/n(Al+Fe+Mn)$ 值>0.5 时,其物源应为陆源,而此比值<0.35 时为热水的注入。镍钼矿石、重晶石矿石、磷块岩及钒矿石的 $n(Al)/n(Al+Fe+Mn)$ 值分别为 0.02~0.44(平均为 0.17, n=10)、0.11~0.58(平均为 0.38, n=5)、0.32~0.83(平均为 0.50, n=15)、0.45~0.62(平均为 0.54, n=6),显示出镍钼矿床受热水作用的影响更多,而磷块岩与钒矿石受陆源的影响较大。

　　$n(Si)/n(Si+Al+Fe)$ 值可以提供物质来源的信息,当比值为 0.9~1 时反映物源主要为生物硅，比值<0.9 时则反映其更接近碎屑物源区（Rangin et al.，1981；Aitchison and Flood，1990）。镍钼矿石、重晶石矿石、磷块岩及钒矿石的 $n(Si)/n(Si+Al+Fe)$ 值分别为 0.38～0.80（平均为 0.56，$n=10$）、0.73～0.95（平均为 0.84，$n=5$）、0.63～0.97（平均为 0.80，$n=15$）、0.73～0.94（平均为 0.84，$n=6$），仅镍钼矿石的所有样品的 $n(Si)/n(Si+Al+Fe)$ 值低于 0.9，显示了各类矿石的硅主要来自碎屑物源区。

综上所述，华南早寒武世各种类型矿床的常量元素典型参数比值有所差异，其指示意义也有所不同。各矿床的物质来源相似，主要受到生物、热水作用的影响。而其沉积环境与受控因素有差异，镍钼矿床与重晶石矿床主要形成于洋脊海岭或远洋深海环境，主要受控于热水作用的影响；而磷矿床与钒矿床主要形成于大陆边缘环境，受陆源的影响较大。

2. 微量元素地球化学

与以上分析类似，矿石的微量元素组成（包括 Ni、Mo、Ba、V）也具有一定差异（表 3-2，表 4-2，表 5-3）。三岔镍钼矿石中 V、Ba 含量相对于澳大利亚后太古代页岩（PAAS）的富集系数分别为 5.84～21.80（平均为 16.85）、3.45～8.54（平均为 5.02）；遵义黄家湾镍钼矿床矿石中 V 含量相对于 PAAS 的富集系数分别为 1.80～112.08（平均为 26.40）；重晶石矿石中的 V、Ni 相对于 PAAS 的富集系数分别为 0.05～1.65（平均为 0.47）、0.13～0.56（平均为 0.33）；不同磷块岩中 V 的富集程度有差异，贵州织金新华磷矿 V 的富集系数（平均为 0.11）明显低于遵义、张家界镍钼矿区 V 的富集系数（平均为 5.83），不同地区的磷块岩中 Ba、Ni、Mo 相对于 PAAS 的富集系数类似，分别为 0.20～5.56（平均为 1.74）、0.16～4.00（平均为 1.04）、28.86～1488.68（平均为 293.11）；钒矿石中 Ba、Ni、Mo 相对于 PAAS 的富集系数分别为 0.16～20.62（平均为 5.15）、0.17～5.22（平均为 3.22）、14.70～110.88（平均为 72.31）。

综上所述，结合常量元素含量，发现镍钼矿石中除 Ni、Mo 含量相对较高外，还含有一定量的 P、V，特别是遵义黄家湾矿区的 P、V 可考虑综合利用；重晶石矿石中重晶石品位往往达到 90 %以上，V、Ni、Mo、P 等元素含量较低；磷块岩中不同地区 V 的含量有差异，而各区 Mo 元素表现出明显的富集趋势；钒矿石中 Ba、Ni 表现出一定的富集，Mo 的富集程度较高。可以看出，磷块岩与钒矿石中含有较高的 Mo，镍钼矿床中含有较高的 V、P。

表5-3 华南早寒武世典型黑色岩系矿床微量元素

矿石类型	采样位置	样品编号	V/ppm	Cr/ppm	Ni/ppm	Cu/ppm	Zn/ppm	Ga/ppm	Rb/ppm	Sr/ppm	Zr/ppm	Mo/ppm	Ba/ppm	Hf/ppm	Pb/ppm	Th/ppm	U/ppm	V/Cr	V/(V+Ni)	U/Th	数据来源
镍钼矿	遵义	ZY-K	2051	97.3	53373	3628.2	3985.7	5.7	13.8	229.1	19.7	388.9	490.5	0.6	536	2.2	146.7	21.08	0.04	66.68	周洁等，2008
	黄家湾	ZN-10	303.4	—	47627	2701.3	4217.2	16.1	—	—	—	38161.1	—	—	531.9	4.3	253.7	—	0.01	59.00	罗泰义等，2003
		ZXZ-N1	16811.9	—	26450.6	1639.7	3922.3	16.4	—	—	—	48174.6	—	—	720	4.6	388.7	—	0.39	84.50	
		Zy-3	362.8	—	53776.9	3307.4	4097.7	19.8	—	—	—	41312	—	—	600.2	4.2	124.8	—	0.01	29.71	
		XZ3-3	270.4	—	30471.4	2362	1633.1	17.4	—	—	—	55934.6	—	—	498.6	4.7	155	—	0.01	32.98	
磷矿	织金磷矿	G-4	10.9	11.3	16.2	71	—	—	—	748	19.8	—	413	—	—	3.4	8.5	0.96	0.40	2.50	施春华，2005
		G-7	22.6	6.1	12.3	81	—	—	—	481	9.2	—	265	—	—	1.9	4.1	3.70	0.65	2.16	
		G-17	43.4	18	98.6	176	—	—	—	583	118.7	—	781	—	—	13.2	31.5	2.41	0.31	2.39	
		Z-9	8.4	8.3	8.9	66.4	—	—	—	719	26.8	—	311	—	—	3.5	23.7	1.01	0.49	6.77	
	遵义	200232	13.58	11.04	34.2	9.07	29.01	12.28	2.39	887.83	19.1	290.54	905.17	0.85	313.19	4.51	12.75	1.23	0.28	2.83	王敏，2004
		200232	12.36	5.96	18.41	7.38	105.91	3.6	1.93	224.26	10.67	44.82	127.02	0.35	309.43	1.28	3.9	2.07	0.40	3.05	
		200234	9.22	7.19	18.52	11.64	13.19	12.18	3.43	891.88	19.74	28.86	2690.08	0.82	319.42	3.44	15.65	1.28	0.33	4.55	
	遵义	200205	543.07	81.58	54.46	49.36	67.89	9.2	7.66	415.26	15.47	143.91	637.32	0.66	8.84	1.21	438.1	6.66	0.91	362.07	
	新土沟	200213	768.23	369.23	41.87	103.54	73.83	10.06	11.1	329.84	18.19	55.53	1840.3	0.58	9.44	2.23	191.07	2.08	0.95	85.68	
	遵义	200217	628.62	21.5	219.94	15.17	114.07	8.4	13.75	681.38	27.25	1488.68	301.46	0.73	17.38	1.52	972.24	29.24	0.74	639.63	
	黄家湾	200223	160.75	12.55	94.93	14.85	384.74	7.02	9.64	533.76	24.58	307.54	585.08	0.66	4.78	1.33	672.52	12.81	0.63	505.65	
	大坪	200241	799.43	477.62	49.17	117.08	516.51	12.47	26.02	1310.96	27.93	214.09	3352.68	1.01	14.45	3.35	189.4	1.67	0.94	56.54	
	张家界	200243	1313.85	392.94	42.13	73.23	151.5	7.7	13.03	711.31	9.4	68.37	612.39	0.39	43.64	0.45	725.91	3.34	0.97	1613.13	
	张家界柑子坪	200248	891.74	717.35	36.49	66.9	77.18	7.77	10.92	458.09	11.64	271.42	552.35	0.41	5.66	0.67	506.67	1.24	0.96	756.22	
	张家界后坪	200251	1887.6	674.02	109.81	66.7	178.58	18.26	41.36	413.51	35.33	310.5	3612.59	1.04	10.77	3.22	206.1	2.80	0.95	64.01	

续表

矿石类型	采样位置	样品编号	V/ppm	Cr/ppm	Ni/ppm	Cu/ppm	Zn/ppm	Ga/ppm	Rb/ppm	Sr/ppm	Zr/ppm	Mo/ppm	Ba/ppm	Hf/ppm	Pb/ppm	Th/ppm	U/ppm	V/Cr	V/(V+Ni)	U/Th	数据来源
钒矿	双溪钒矿	ZK161	1580	245	123	158	694	8.75	—	280	—	25.2	13400	—	32.9	—	62	6.45	0.93	—	游先军, 2010
		土地坳-2	7960	351	9.1	96.4	12.2	35.4	—	10.7	—	14.7	6230	—	47.8	—	43.6	22.68	1.00	—	
	江古钒矿	JGLB-01	8500	1000	200	300	1000	40.3	60.3	100	10.14	100	981.4	0.11	70.12	0.22	1.62	8.50	0.98	7.36	
		JGLB-02	9500	1100	210	298	920	37.42	68.64	70.26	9.23	110.88	912.36	0.124	68.42	0.17	1.83	8.64	0.98	10.76	胡承伟, 2009
		JGLB-03	8700	980	287	282	960	39.13	64.28	93.72	9.17	96.68	1001.13	0.201	69.57	0.21	1.96	8.88	0.97	9.33	
		JGYS-03	6360	1298	248.43	178.64	873	36.57	44.76	80.12	7.62	77.28	101.43	0.149	60.81	0.427	1.981	4.90	0.96	4.64	
		JGYS-05	13763	1438	162.16	133.45	400.28	28.42	42.13	73.54	8.16	81.43	783.71	0.126	58.76	0.462	1.873	9.57	0.99	4.05	

　　各矿床的微量元素比值也有差异（表 3-2、表 4-2、表 5-3）。V/Cr 值可作为古沉积氧化还原环境的微量元素指标，岩石中 V/Cr<2 表示氧化环境，>2 表示缺氧环境（Dill, 1986）。镍钼矿石、重晶石、磷块岩的 V/Cr 值分别为 10.95～22.25（平均为 17.93）、1.97～7.20（平均为 5.29）、0.96～29.24（平均为 4.83），重晶石、磷块岩的 V/(V+Ni) 值分别为 0.77～0.90（平均为 0.82）、0.28～0.97（平均为 0.66），均显示出矿石形成于缺氧环境。

　　U/Th 值可以反映沉积物的形成环境，通常情况下热水沉积形成的沉积物的 U/Th 值往往大于 1，而正常海洋沉积物的 U/Th 值往往小于 1（Rona and Scott，1993）。三岔镍钼矿床、黄家湾镍钼矿床、重晶石、磷块岩、钒矿石的 U/Th 值分别为 105.24～169.5（平均为 128.07）、29.71～84.50（平均为 54.57）、9.21～64.30（平均为 16.09）、2.16～1613.13（平均为 273.81）、4.05～10.76（平均为 7.23），显示了各矿床受到明显的热水作用影响。需要注意的是，镍钼矿区的磷块岩有着极高的 U 含量与 U/Th 值，其 U/Th 值为 56.54～1613.13（平均为 510.37），显示出热水对该区磷块岩的影响极其强烈。

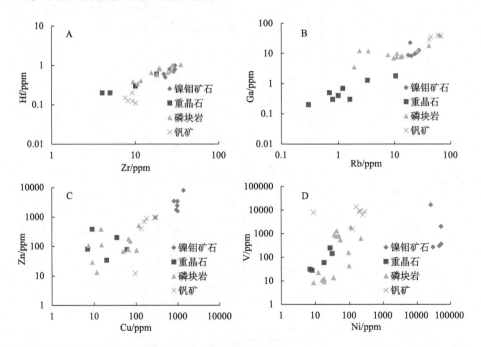

图 5-3　华南早寒武世典型黑色岩系型矿床微量元素 Hf-Zr（A）、Ga-Rb（B）、Zn-Cu（C）、
V-Ni（D）相关图解

图 5-3 展示了早寒武世典型黑色岩系型矿床微量元素的 Hf-Zr、Ga-Rb、Zn-Cu、V-Ni 相关图解，发现各矿床的分布存在差异。如图 5-3A 所示，镍钼矿石与磷块岩的 Hf、Zr 含量高于重晶石与钒矿，显示出重晶石与钒矿受陆源的影响相对镍钼矿石与磷块岩小。图 5-3B 为高场强元素 Ga-Rb 的含量，显示钒矿、镍钼矿石、磷块岩、重晶石含量逐渐降低的变化趋势，反映了成矿的差异性。图 5-3C 显示出镍钼矿石具有较高的 Cu、Zn 含量，反映镍钼矿石受到更明显的热液作用的影响。图 5-3D 显示出镍钼矿床与钒矿床均有着较高的 Ni、V 含量，显著高于磷块岩与重晶石矿石，反映镍、钼、钒呈现出相似的富集趋势，其成因可能存在一定相似性。

3. 稀土元素地球化学

各矿床矿石的稀土元素含量也存在一定的差异（表 3-3，表 4-3，表 5-4，表 5-5）。三岔镍钼矿石的稀土总量为 377.36～2282.22 ppm，平均为 761.33 ppm，轻/重稀土值为 5.78～7.38，平均为 6.16，（La/Yb）$_N$ 值为 1.31～1.83，平均为 1.46；遵义黄家湾镍钼矿石的稀土总量为 191.73～565.73 ppm，平均为 340.24 ppm，轻/重稀土值为 5.65～6.71，平均为 6.36，（La/Yb）$_N$ 值为 1.04～1.20，平均为 1.10；重晶石矿石的稀土元素总量为 8.59～37.93 ppm，平均为 17.98 ppm，轻/重稀土值为 1.94～3.46，平均为 2.67，（La/Yb）$_N$ 值为 0.19～0.39，平均 0.28；磷块岩的稀土元素总量为 237.88～1064.06 ppm，平均为 627.68 ppm，轻/重稀土值为 3.17～7.08，平均为 4.99，（La/Yb）$_N$ 值为 0.34～1.90，平均为 1.16；钒矿石的稀土元素总量为 91.56～337.36 ppm，平均为 160.59 ppm，轻/重稀土值为 2.01～8.55，平均为 4.19，（La/Yb）$_N$ 值为 0.14～1.36，平均为 0.57。由以上结果可以看出，各矿床稀土元素含量变化很大，反映出稀土元素的成因具有差异，含量较高的镍钼矿床、磷矿床、钒矿床与含量较低的重晶石矿床，其稀土元素的来源有差异。

若将三岔与遵义镍钼矿石的稀土元素总量综合考虑，可以看出，各矿石的稀土总量从高到低依次为磷块岩、镍钼矿石、钒矿石、重晶石矿石，且均表现出一定程度的轻稀土富集，表明受到一定程度陆源的影响。

将各类矿床矿石的稀土元素含量与澳大利亚后太古代页岩作标准化，做出稀土配分曲线（图 5-4）。图 5-4A～E 分别是三岔镍钼矿石、遵义镍钼矿、天柱重晶石矿石、磷块岩、钒矿石稀土元素的 PAAS 标准化配分图，主要具有以下特征：

表5-4 华南早寒武世典型黑色岩系矿床稀土元素数据

样品及编号	La /ppm	Ce /ppm	Pr /ppm	Nd /ppm	Sm /ppm	Eu /ppm	Gd /ppm	Tb /ppm	Dy /ppm	Ho /ppm	Er /ppm	Tm /ppm	Yb /ppm	Lu /ppm	Y /ppm	REE /ppm	LREE /HREE	(La/Yb)$_N$	Y/Ho $_N$	δCe	δEu	来源
ZY-K	39	56.7	10.2	43.9	10.3	2.78	9.08	1.59	8.54	1.75	4.29	0.547	2.69	0.365	82.4	191.73	5.65	1.07	47.09	0.65	1.35	(1)
200216	72.46	119.13	15.48	63.84	12.87	3.48	12.6	2.04	12.63	2.82	6.89	0.85	5.13	0.61	129.7	330.83	6.59	1.04	45.99	0.82	1.29	
200222	121.32	186.72	29.48	121.09	23.76	6.06	23.73	3.8	23.23	5.03	11.85	1.31	7.49	0.86	224.17	565.73	6.32	1.20	44.57	0.72	1.20	(2)
200226	55.18	84.26	11.51	47.43	9.29	2.61	9.45	1.47	9.07	1.95	4.77	0.59	3.6	0.42	91.93	241.60	6.71	1.13	47.14	0.77	1.31	
200227	77.15	135.01	17.49	73.72	14.76	3.72	14.5	2.38	14.88	3.15	7.68	0.89	5.31	0.65	137.31	371.29	6.51	1.07	43.59	0.85	1.20	
G-4	241.1	197.9	54.51	242.9	48.39	13.38	55.87	6.98	38.95	7.91	20.25	2.26	10.9	1.3	375.8	942.60	5.53	1.63	47.51	0.40	1.21	
G-7	160.5	120.1	32.52	143.4	28.04	8.92	32.86	4.12	22.93	4.92	11.98	1.34	6.24	0.77	238.8	578.64	5.79	1.90	48.54	0.38	1.38	(3)
G-17	268.4	229.3	60.97	262.4	51.56	17.75	63.77	8.24	46.1	9.45	23.95	2.76	13.17	1.78	361.3	1059.60	5.26	1.50	38.23	0.41	1.46	
Z-9	234.4	175.4	48.44	205.7	36.36	12.67	46.56	6.43	36.99	8.2	21.43	2.43	11.78	1.39	387.1	848.18	5.27	1.47	47.21	0.38	1.45	
200228	386.61	175.34	58.23	238.88	43.36	10.98	44.98	7.11	44.08	9.7	24.16	2.72	16.15	1.76	585.03	1064.06	6.06	1.77	60.31	0.26	1.17	
200232	77.04	45.25	12.88	54.23	9.57	2.23	10.09	1.63	10.41	2.4	6.21	0.76	4.6	0.58	123.53	237.88	5.49	1.24	51.47	0.33	1.07	
200234	308.84	187.55	58.17	238.24	43.72	13.72	45.91	7.1	42.78	9.34	22.47	2.48	13.53	1.6	532.13	995.45	5.86	1.69	56.97	0.32	1.44	
200205	111.36	144.16	30.12	131.24	28.91	7.87	29.63	5.39	38.98	9.79	27.31	3.77	24.24	3.22	542.48	595.99	3.19	0.34	55.41	0.57	1.27	
200213	142.9	139.76	33.26	142.79	28.72	6.65	29.51	4.91	31.77	7.26	18.4	2.24	13.3	1.67	360.07	603.14	4.53	0.79	49.60	0.47	1.08	(2)
200217	89.54	114.22	15.58	61.84	11.79	4.65	12.41	1.92	11.97	2.71	6.86	0.81	4.77	0.59	153	339.66	7.08	1.39	56.46	0.70	1.81	
200223	71.78	91.33	12.78	50.06	9.61	3.84	9.79	1.58	9.8	2.22	5.71	0.69	4.14	0.53	120.79	273.86	6.95	1.28	54.41	0.69	1.86	
200241	143.49	109.08	36.19	153.43	33.73	8.5	34.49	6.29	44.39	10.5	27.52	3.59	23.24	2.99	449.37	637.43	3.17	0.46	42.80	0.35	1.17	
200243	124.02	74.44	26.74	109.85	22.54	5.9	24.57	4.4	31.49	7.63	20.05	2.69	17.27	2.25	365.42	473.84	3.29	0.53	47.89	0.30	1.18	

遵义镍钼矿

磷矿

续表

样品及编号	La/ppm	Ce/ppm	Pr/ppm	Nd/ppm	Sm/ppm	Eu/ppm	Gd/ppm	Tb/ppm	Dy/ppm	Ho/ppm	Er/ppm	Tm/ppm	Yb/ppm	Lu/ppm	Y/ppm	REE/ppm	LREE/HREE	(La/Yb)$_N$	Y/Ho	δCe	δEu	来源
磷矿 200248	129.12	74.51	22.41	91.78	18.27	4.62	20.48	3.54	24.48	5.9	15.84	2.04	12.64	1.66	321.39	427.29	3.94	0.75	54.47	0.32	1.12	(2)
200251	88.94	67.14	20.04	64.12	17.03	4.02	18.72	3.2	21.85	5.1	13.32	1.75	10.92	1.42	193.34	337.57	3.43	0.60	37.91	0.37	1.06	
JGLB-01	83.076	76.218	16.524	81.015	16.027	2.942	18.993	2.816	16.841	3.416	11.062	1.377	6.145	0.906	208.419	337.36	4.48	1.00	61.01	0.47	0.79	(4)
JGLB-05	72.485	70.06	9.873	41.204	6.947	1.004	5.871	1.102	5.997	1.284	4.242	0.516	3.946	0.608	56.413	225.14	8.55	1.36	43.94	0.58	0.74	
ZK161	13.5	20.9	5.4	26.2	7.36	2.6	7.76	1.56	10.2	2.28	6.63	1.16	7.16	1.04	80.9	113.75	2.01	0.14	35.48	0.54	1.62	(5)
钒矿 710566	27.25	33.09	6.56	26.76	5.36	1.25	5.28	0.98	6.49	1.44	4.45	0.7	4.37	0.71	56.45	124.69	4.11	0.46	39.20	0.57	1.11	
710669	22.01	21.87	4.27	17.04	3.36	0.84	3.64	0.76	5.75	1.38	4.47	0.76	4.65	0.76	54.49	91.56	3.13	0.35	39.49	0.52	1.13	(6)
720719	35.77	34.67	8.18	33.99	6.83	1.39	7.28	1.45	10.62	2.54	8.05	1.29	7.69	1.22	114.55	160.97	3.01	0.34	45.10	0.47	0.93	
710737	23.99	27.71	5.26	21.2	3.95	1.1	4.03	0.76	5.22	1.19	3.7	0.61	3.72	0.6	45.93	103.04	4.20	0.48	38.60	0.57	1.30	
710785	31.4	32.94	6.48	25.9	4.74	1.3	4.99	0.92	6.44	1.52	4.91	0.81	5.05	0.83	61.56	128.23	4.03	0.46	40.50	0.53	1.26	

数据来源：(1) 周洁，2008；(2) 王敏，2004；(3) 施春华，2005；(4) 胡承伟，2009；(5) 游先军，2010；(6) 江新华等，2010。

表 5-5　各典型矿床稀土元素典型参数平均值

矿石类型	REE/ppm	LREE/HREE	（La/Yb）$_N$	Y/Ho	δCe	δEu
三岔镍钼	761.33	6.16	1.46	57.74	0.55	0.97
遵义镍钼	340.24	6.36	1.10	45.68	0.76	1.27
重晶石	17.98	2.67	0.28	48.44	0.38	5.75
磷	627.68	4.99	1.16	49.95	0.42	1.32
钒	160.59	4.19	0.57	42.91	0.53	1.11

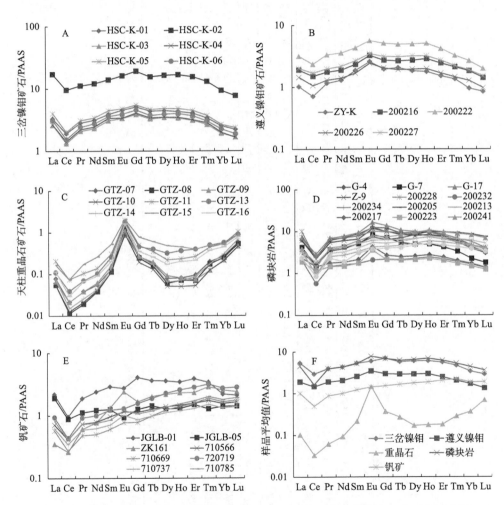

图 5-4　各矿床矿石的澳大利亚后太古代页岩（PAAS）标准化稀土元素配分模式图

A. 三岔镍钼矿石/PAAS；B. 遵义镍钼矿石/PAAS；C. 天柱重晶石矿石/PAAS；D. 磷块岩/PAAS；E. 钒矿石/PAAS；
F.样品平均值/PAAS

（1）各类矿床矿石的配分曲线分布范围不一致，镍钼矿石与磷块岩稀土元素配分曲线主要位于 1～10 区间，相对于 PAAS，稀土元素的富集系数为 1～10，重晶石矿石稀土元素的配分曲线主要位于 1 以下，而钒矿石的配分曲线主要位于 1 附近，进一步显示了稀土元素含量的差异。

（2）各类矿床矿石稀土元素 δCe 异常均表现出统一的明显负异常，三岔镍钼矿石的 δCe 值平均为 0.55，遵义镍钼矿石的 δCe 值平均为 0.76，重晶石矿石的 δCe 值平均为 0.38，磷块岩的 δCe 值平均为 0.42，钒矿石的 δCe 值平均为 0.53，反映了各矿床受到明显的热水作用影响。

（3）各类矿床矿石稀土元素 δEu 异常有差异，三岔镍钼矿石的 δEu 值为 0.92～1.01，平均为 0.97；遵义镍钼矿石的 δEu 值为 1.20～1.35，平均为 1.27；重晶石的 δEu 值为 3.23～8.40，平均为 5.75；磷块岩的 δEu 值为 1.06～1.86，平均为 1.32；钒矿石的 δEu 值为 0.74～1.62，平均为 1.11。由此可以看出重晶石矿石有着明显的 δEu 正异常，遵义镍钼矿石与磷块岩有着弱的 δEu 正异常，而三岔镍钼矿石与钒矿石的 δEu 异常不明显，反映重晶石矿床受到的热水沉积作用最为强烈。

（4）从图 5-4F 中各类矿床稀土元素平均值的 PAAS 标准化可以看出，镍钼矿石、磷块岩及钒矿石的配分曲线近似水平，仅表现出明显的 δCe 负异常，而重晶石矿石则明显不同，反映了这两类矿床的稀土元素组成差异较大，暗示了矿床成因的差异。

将各类矿床矿石稀土元素的 Ce-La 与 Sm-La 作相关图（图 5-5），发现镍钼矿床、磷块岩及钒矿石的分布点较为集中，明显区别于重晶石矿石的分布范围，反映了这两类矿床的稀土元素含量与来源存在一定的差异。

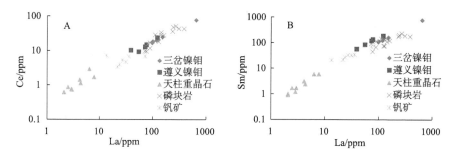

图 5-5　各类矿床矿石稀土元素 Ce-La（A）、Sm-La（B）相关图解

各类矿床矿石的 Y/Ho 值也存在差异（表 3-3，表 4-3，表 5-4，图 5-6）。三岔镍钼矿石的 Y/Ho 值为 54.99～65.26，平均为 57.74；遵义黄家湾镍钼矿床的 Y/Ho

值为 43.59～47.14，平均为 45.68；重晶石矿石的 Y/Ho 值为 41.11～55.71，平均为 48.44；磷块岩的 Y/Ho 值为 37.91～60.31，平均为 49.95；钒矿石的 Y/Ho 值为 35.48～61.01，平均为 42.91。现代海水及海底热液流体的 Y/Ho 值与球粒陨石特征类似，为 44～47，而陆源碎屑的 Y/Ho 值约为 28（Bau, 1996; Jiang et al., 2006）。由此可以看出，各类黑色岩系矿床的稀土元素主要来自海水或热液流体，而陆源的贡献较少。

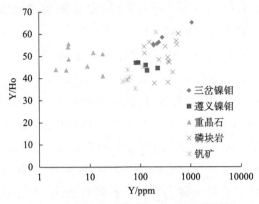

图 5-6   各类矿床矿石 Y/Ho-Y 相关图解

综合稀土元素结果，发现各矿床之间有一个共同点，即均受到明显的热水作用，但也有差异，突出表现在镍钼多金属矿床、磷矿床、钒矿床的稀土元素组成特征上，即典型参数特征较相似，而与重晶石矿床之间的差异明显。

5.2.4   有机地球化学

镍钼矿石与重晶石矿石的详细有机地球化学特征见 3.4 节和 4.4 节。对于其他类型的矿床，包括磷块岩和钒矿床，前人报道的有机地球化学数据和特征数据较少（表 5-6）。将各矿床的有机碳含量进行对比，发现镍钼矿石的有机碳含量较高，平均为 9.88 %，重晶石矿石平均为 0.96 %，磷块岩平均为 2.09 %，含钒岩系有机碳平均为 3.39 %（游先军，2010），可见镍钼矿石的有机碳含量最高，重晶石矿石的有机碳含量最低，磷矿石与钒矿石均有一定的有机碳含量。

各矿床矿石的氯仿沥青"A"含量变化较大，镍钼矿石的含量为 19.58×10^{-6}～115.00×10^{-6}，平均为 67.50×10^{-6}，重晶石矿石的含量为 8.15×10^{-6}～86.35×10^{-6}，平均为 32.30×10^{-6}，磷块岩的含量为 14.53×10^{-6}～103.8×10^{-6}，平均为 59.17×10^{-6}。

各矿床均含有一定量的有机质，反映了生物对矿床的成矿作用起到一定的影响，特别是有机质含量很高的镍钼矿床，生物有机质直接参与了成矿作用。各矿

表 5-6　镍钼、磷矿床矿石 TOC、氯仿沥青"A"含量

矿石类型	样品号	TOC /%	氯仿沥青 "A" /10⁻⁶	数据来源	矿石类型	样品号	TOC/%	氯仿沥青 "A" /10⁻⁶	数据来源
镍钼矿石	HZS2	13.27	—	(2)	磷矿床	HSC-05	2.24	14.53	(1)
	ZY-K	10.52	—	(3)		200205	—	103.8	(4)
	200216	—	56			DG-5	4.08	—	
	200222	—	84	(4)		DG-4	0.67	—	
	200226	—	62.9			DG-3	0.7	—	(5)
	200227	—	115			No2-1	2.41	—	
	DG-6	8.64	—	(5)		No2	2.44	—	

数据来源：（1）本书；（2）黄燕，2011；（3）周洁，2008；（4）王敏，2004；（5）杨剑，2009。

床氯仿沥青"A"含量的较大变化，反映矿石在成岩成矿过程中发生了强烈的改造作用，结合沥青反射率、生物标志物特征，这种改造作用很可能是热水（液）作用，印证了前述元素，特别是稀土元素地球化学特征。

5.3　岩相古地理和成矿古环境及差异

华南早寒武世黑色岩系型矿床往往产于特定的沉积相当中，但各类矿床的分布又存在差异（图 2-2）。镍钼矿床主要产于浅海、滨海碳酸盐及砂泥质沉积区，重晶石矿床主要产于非补偿海滞流海泥质（富硅、碳质）沉积区，磷矿床与钒矿床均可产于浅海、滨海碳酸盐及砂泥质沉积区、非补偿海滞流海泥质（富硅、碳质）沉积区、半深海、深海砂泥质类复理石沉积区（卢衍豪，1979；高怀忠，1998）。

5.3.1　镍钼多金属矿床

黑色岩系镍钼多元素富集层及其矿床主要分布于扬子地台东南大陆边缘，晚震旦世－早寒武世扬子地台东南边缘的陆间裂谷沉积盆地控制着镍钼多元素富集层的形成与分布（蒲心纯等，1993）。黑色岩系中镍钼多金属成矿带形成于南方早寒武世最大海侵期，矿床富集于陆地局部隆起侧的凹陷部位。这种隆起和凹陷是裂谷作用造成的复杂的地垒和地堑构造。由于全球海平面的迅速上升，海基面升高，水体加深，光合作用所能达到的界面也随之上升，导致下部水体严重缺氧；同时由于生物的繁盛，大量生物死亡的骨骸堆积，形成有机质丰富的黑层，形成缺氧环境。在陆坡的凹陷部位，由于底层水缺氧滞流形成还原环境，为多元素富集层的形成创造了条件。它们是在陆源物质供应量较少、沉积速率缓慢、水动力条件较宁静、富含有机质以及有利于海解成矿非补偿的陆地（凹陷）沉积盆地环境中沉积的（蒲心纯等，1993）。

5.3.2　重晶石矿床

华南早寒武世重晶石矿床主要分布于湘黔交界的贡溪—坪地一带，构成了储量巨大的重晶石成矿带。该成矿带位于扬子东南大陆边缘裂谷系，呈 NE—SW 向带状延伸。从震旦纪开始，扬子地台东南缘形成陆缘裂谷，并在部分地区发育有基性火山岩（陈多福等，1998），显示出异常的区域地热背景。晚震旦世—早寒武世，扬子地台东南缘形成平缓的宽阔陆架盆隆系统，江南古陆呈平行海岸起伏的岛链分布。古陆与海隆形成了屏障，抑制了海水回流，控制了封闭—半封闭的非补偿性盆地沉积环境。在早寒武世，研究区属非补偿性的边缘海沉积，天柱大河边重晶石矿床就分布于其间的盆地边缘，并且紧邻海隆，逐渐形成封闭—半封闭的成矿环境。结合本书矿物学与地球化学研究成果，认为大河边早寒武世海洋为还原的海水环境，热水喷流活动强烈，生物产率较高，矿床形成于封闭—半封闭的非补偿性盆地沉积还原环境（蒲心纯等，1993）。

5.3.3　磷矿床

华南早寒武世梅树村期为最主要的产磷期，该磷矿主要分布于扬子地台西部，其次为扬子地台东南边缘。梅树村早期的海域受构造、古地理控制，产生两种迥然不同的沉积相区，扬子西区为碳酸盐岩台地缓坡相区，扬子东区为陆坡相区（蒲心纯等，1993）。

扬子西区碳酸盐岩台地缓坡相区：早寒武世初期开始海侵，水体逐渐加深，使晚震旦世形成的川滇黔碳酸盐岩台地范围向北后退缩小。川滇岛链边缘为碳酸盐岩潮坪，在其东南形成川西、滇东两个潮下海湾。海湾近潮坪一侧发育有高能浅滩及风暴流沉积带，再向东转为低能并进入含磷结核硅质岩深水缓坡盆地，组成碳酸盐硅质岩缓坡。

扬子东区陆坡相（即江南陆坡相区东段）：主要分布在苏皖浙赣地区，以含磷硅质岩、黑色碳质页岩为主。水平纹层发育，除水下高地一带有磷沉积外，多数为低能闭塞的沉积环境。

5.3.4　钒矿床

下寒武统黑色岩系中含钒层位较多，如本书介绍的三岔镍钼多金属矿层中钒的含量为 876～3270 ppm，可作为伴生元素进行开采，而大河边重晶石矿层的上下围岩黑色页岩中钒含量也很高，为 1510～7140 ppm，部分样品已达到钒矿石的工业品位。因此钒的矿化范围和规模比镍钼多元素富集层大得多。在湖北杨家堡及湖南临湘一带，江西杨林山、南山、上饶饭大，贵州东南及浙江石煤层中都有钒矿床，其规模往往为大型甚至超大型（范德廉等，2004），且往往表现出多层位均有钒矿层的分布。

早寒武世早期广海陆棚、陆坡和还原环境及海盆缓慢沉降产生凝缩层的沉积环境，则是钒矿床在缺氧沉积中发生沉积成矿作用的古地理和古构造条件。钒矿层主要产于浅海台地、陆架和大陆斜坡盆地环境（游先军，2010）。

5.4　成矿元素来源差异

镍钼多金属矿床的微量元素与稀土元素特征显示，镍钼多金属矿床矿石较少受到陆源碎屑影响，成矿物质主要来自海水与热水的输入，生物有机质对于矿床形成起到了重要作用。海水可能主要是控制和影响了钼矿物的形成与聚集，同时也可能对其他成矿元素具有贡献。相比而言，热水输入带来了大量 Ni、Cu、Zn、Se 等成矿元素，包括一部分的 S，促进了镍矿的形成。因此，我们初步推测钼主要来自海水，镍主要来自热水。

重晶石矿床矿石组成主要为重晶石，钡与硫是形成重晶石的基本元素，其来源直接关系到矿床成因。硫同位素组成特征可以示踪硫的来源，大河边矿床重晶石的硫同位素研究结果显示，同位素组成为 +36.7 ‰～+43.8 ‰，平均为 +40.2 ‰，高于同时期早寒武世海水 +30 ‰ 的 $\delta^{34}S$ 值（Hosler and Kaplan, 1966），显示出强烈的富硫特征，表明硫主要来自海水，且受到强烈的硫酸盐还原菌的作用。矿石中发现有环带钡冰长石，这种外带高 Ba 低 K 的环带特征，反映了矿床形成于一个热水、断控、幕式、渐进的富钡流体喷流环境。微量元素特征显示重晶石的陆源输入较少，而重晶石与黑色页岩的成因存在差异。稀土元素 δCe 负异常、δEu 正异常也表示矿床受到明显的热水沉积作用。矿床 Y/Ho 值特征表明重晶石的 REE 可能更多的来自海水，黑色页岩的 REE 则来自陆源与海水的混合。有机地球化学特征显示，围岩具有较高的有机碳含量，而矿层中有机碳含量较低，且氯仿沥青

"A"含量变化较大，成熟度达到过成熟，反映矿床在形成后经历了强烈的地质作用的改造，特别是热水作用的影响。因此，本书认为钡主要来自热卤水对基底岩石的淋滤。需要注意的是，不能排除生物从海水中对钡的吸收，海水也可能提供了一定的成矿物质。

磷块岩的主量元素特征显示，磷块岩的 $n(SiO_2)/n(Al_2O_3)$ 值为 3.33～72.60（平均为 12.07），显示出磷块岩的形成多与生物和热水作用有关，$n(Al_2O_3)/n(Al_2O_3+Fe_2O_3)$ 值为 0.38～0.91（平均为 0.61），相对于重晶石矿床与镍钼矿床更接近大陆边缘环境；$n(Al)/n(Al+Fe+Mn)$ 值为 0.32～0.83（平均为 0.50），显示出磷块岩受到陆源的影响较大。微量元素特征显示，磷块岩主要产于缺氧环境，并受到热液作用的影响。稀土元素特征显示，磷块岩受到热水作用影响强烈，海水与热水为磷块岩提供了大量的稀土元素。因此，磷的来源可能受到热水、海水的共同作用，而生物对磷的聚集起着促进作用。

钒矿石的主量元素特征显示，$n(SiO_2)/n(Al_2O_3)$ 值为 3.70～24.01（平均为 10.93），显示出钒矿石的形成多与生物和热水作用有关，$n(Al_2O_3)/n(Al_2O_3+Fe_2O_3)$ 值为 0.55～0.98（平均为 0.70），相对于重晶石矿床与镍钼矿床更接近大陆边缘环境；$n(Al)/n(Al+Fe+Mn)$ 值为 0.45～0.62（平均为 0.54），显示出钒矿石受到陆源的影响较大。微量元素特征显示，钒矿床主要产于缺氧环境，并受到热液作用的影响。稀土元素特征显示，钒矿石受到热水作用影响强烈，海水与热水为钒矿石提供了大量的稀土元素。

综上所述，华南早寒武世黑色岩系矿床成矿元素均得到热水、海水的供给，同时生物对矿床的形成起到一定的促进作用。但热水、热水为各类矿床的成矿元素的供给又有差异，如在镍钼矿床中，镍主要来自热水，钼主要来自生物有机质对海水中钼元素的吸收富集；在重晶石矿床中，虽然生物对钡有着聚集作用，但相对如此规模巨大的重晶石矿床，生物的聚集作用只提供了少量的钡，更多的钡应来自热卤水对基底富钡地层的淋滤；对于磷矿床，磷主要以胶状磷灰岩或胶状矿的形式存在，且在众多磷矿床中，发现大量的生物遗迹，反应生物对磷的强烈聚集作用；而钒矿床则显示出陆源、海水与热水共同作用的影响。

5.5　生物有机质差异及其成矿作用差异

镍钼多金属矿床：华南早寒武世海洋发育有大量古生物群落（赵元龙等，1999），且矿石中有着较高的有机碳含量（有机质丰度）。Cao 等（2013）以遵义黄家湾镍钼矿床为典型实例，提出矿层中有许多含金属硫化物的椭球体，通过与现代生物形态和已有文献报道的对比，认为这种椭球体是红藻囊果，且这种椭球体的金属元素分布存在差异，即外带含有更高的 Mo，而核部具有更高的 Ni，反映出生物对金属元素的差异成矿作用（周洁等，2008）。本次工作通过对三岔剖面样品的有机质进行生物标志化合物研究，发现有机质母质主要为浮游藻类及细菌类。此外，矿物学研究结果显示，本区也发现有大量富含金属硫化物的椭球体（图 3-17），经研究为红藻的囊果，直接证明了生物对镍钼等多种金属元素的富集起到了促进作用。而这种富多金属硫化物的椭球体，在其他几类矿床中并未发现，显示出生物的成矿专属性。

重晶石矿床：重晶石矿床有机地球化学研究发现，矿石中有一定数量的有机质，在围岩中检出的有机碳含量最高可达 8.36 %，表明矿床形成时，有着较高的生物生产率。而对矿石样品有机质的生物标志物研究，表明有机质主要来源于低等藻类、细菌等生物，且生物对钡的聚集起到一定的促进作用。重晶石矿石硫同位素特征进一步显示，重晶石的形成遭受了强烈的生物改造作用，硫酸盐还原菌对硫酸盐进行还原，同时消耗有机质，造成重晶石矿床的有机碳含量较低。

磷矿床：磷块岩的有机碳含量明显低于镍钼多金属矿床，磷块岩有机碳含量平均为 2.09 %，氯仿沥青"A"含量为 $14.53×10^{-6}$～$103.8×10^{-6}$，平均为 $59.17×10^{-6}$，含量变化较大。有机地球化学特征显示，磷块岩的有机质母质更多来源于藻类、浮游动物和细菌，并经历了强烈的微生物改造（吴朝东和陈其英，1999）。磷主要以胶状磷灰岩或胶状矿的形式存在，在众多磷矿床中，发现有大量的生物遗迹，反映了生物对磷的强烈聚集作用。

钒矿床：含钒岩系有机碳含量平均为 3.39 %，有机碳含量较为丰富。通过对富钒的镍钼多金属矿石及重晶石矿层上下围岩的有机质生物标志化合物研究表明，有机质母质主要为藻类、浮游动物及细菌，各类矿床的有机质母质均一致，但对成矿作用的影响不同。钒矿石的 $n(SiO_2)/n(Al_2O_3)$ 值为 3.70～24.01（平均为 10.93），显示出钒矿石的形成多与生物和热水作用有关，而生物对钒究竟有着怎样的聚集作用有待进一步研究。

5.6　成矿年代学

前人对华南早寒武世黑色岩系矿床的成矿年代进行了一定的研究，特别是对镍钼多金属矿床的研究较为深入，而对其他矿床研究较少，但总体而言，各矿床的成矿年代基本一致。

　　Murowchick 等（1992）对华南早寒武世 Ni-Mo 多金属层进行了 Pb-Pb 同位素年代学研究，获得了（551±52）Ma 的结果；Horan 等（1994）对湘黔地区下寒武统这套多元素硫化物层进行了 Re-Os 同位素研究，其同位素年龄为（560±30）Ma，但这两个年龄误差较大，且基本年龄均早于前寒武与寒武纪的界限年龄 542 Ma。毛景文等（2001）对黔北黄家湾黑色岩系 Ni-Mo-PGE 矿石进行了 Re-Os 同位素测年，获得了（541±16）Ma 的等时线；李胜荣等（2002）获得的矿石的 Re-Os 等时线年龄为（542±11）Ma，并认为这一年龄与牛蹄塘组地层年龄一致；Jiang 等（2003）对矿石进行了 Re-Os 同位素定年，获得矿石的 Re-Os 等时线年龄为（537±10）Ma；Jiang 等（2006）应用 Pb-Pb 同位素定年方法，获得镍钼层位的年龄为（521±54）Ma（n=9，加权平均方差 MSWD=31）。

　　除了对矿层矿石的年代学研究外，前人还对镍钼矿区出现的火成岩进行了年代学研究。周明忠等（2008）对 Ni-Mo 矿层下方凝灰岩中的锆石进行了 SHRIMP U-Pb 测年，结果显示凝灰岩的就位年龄为（518±5）Ma（MSWD=0.37）。Jiang 等（2009）对 Ni-Mo 多金属矿层下方牛蹄塘组底部火山灰层中的锆石进行了 $^{207}Pb/^{235}U$ 定年，得出较为精确的年龄，结果为（532.3±0.7）Ma（n=10，MSWD=0.24）；皮道会（2010）对 Ni-Mo 多金属矿床下方 4.7 m 处斑脱岩中的锆石进行定年研究，得出锆石的 U-Pb 年龄为（532.6±3.5）Ma，并推测镍钼矿层形成年龄为 523 Ma，这也与 Jiang 等（2006，2009）的结果总体一致。

　　早寒武世的重晶石矿床、磷矿床及钒矿床的产出部位均为下寒武统黑色页岩底部，其层位与镍钼矿层相一致或相近，因此成矿年代总体应相差不大。如胡瑞忠等（2007）对贵州织金梅树村期磷矿的 Sm-Nd、Rb-Sr 同位素年代学研究得到的磷矿等线年龄分别为（526±15）Ma 与（528±28）Ma，梅树村期磷矿的成矿时代就在 530 Ma 左右。

5.7　成矿模式

　　综上所述，华南早寒武世黑色岩系矿床往往受海水、热水与生物共同作用的影响，虽然各矿床遭受的影响有差异，但均处于扬子地台东南缘这一地质背景下，本书认为华南早寒武世黑色岩系矿床处于海水-热水-生物共同作用的成矿系统之中（图5-7）。

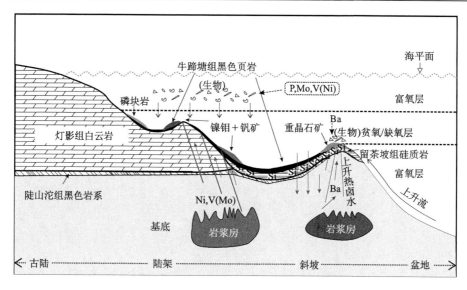

图 5-7　华南早寒武世黑色岩系矿床成矿模式图

晚震旦世－早寒武世时期，扬子古大陆内部发生强烈的拉张作用，海平面上升，古大陆东南部边缘形成了广阔的陆表浅海和陆架盆地海域，浮游生物和底栖生物大量繁殖，有机质富集，在海水、热水（液）与生物的共同作用下，Mo、Ni、Ba、P、V 等金属元素富集成矿。生物（浮游及底栖生物）在生长过程吸收了海水中的部分元素，如 Mo、Ba、P、V 等（可能也有一些 Ni），死亡后元素在其体内富集。海底洋流的作用带来了大量营养物质及生物遗体，为沉积区提供了丰富的有机质。伴随着碳酸盐及部分黄铁矿的沉积，在正常沉积作用阶段后，由于各类微生物迅速繁殖，一方面分解有机物质及复杂磷酸盐，产生 PO_4^{3-}、NH_4^+、HS^- 等，使海盆形成缺氧环境；另一方面进一步吸收海水中的元素，再次富集了沉积物中的某些元素，相继形成含 Mo、Ba、P、V 等元素的矿物。同时在沉积成岩过程中，由于拉张作用，海水下渗并淋滤基底成矿物质，形成含矿热水（液），沿同生断裂上涌，发生间歇性喷流沉积，并对早期形成的各种矿物结构造成破坏与改造，如部分样品中硫化物结核体的断裂，同时铁镍硫化物对部分磷质椭球体进行替换，造成某些早期形成的矿物再活化沉淀。大量热液的涌入为矿床的再矿化提供了大量成矿元素（如 Ni、Ba、Cu、Pb、Zn 等），在不同地段形成镍钼矿床、重晶石矿床、磷矿床及钒矿床等。

参 考 文 献

鲍振襄, 陈放. 1997. 湘西北黑色岩系中贵金属矿化地质特征及成矿控制因素[J]. 有色金属矿产与勘查, 6(2): 25-31.

鲍正襄, 万榕江, 包觉敏. 2001. 湘西北镍钼矿床成矿特征与成因[J]. 湖北地矿, 15(1): 14-21, 32.

鲍正襄, 万榕江, 包觉敏. 2002. 上扬子台区下寒武统黑色岩系中的钒矿床[J]. 云南地质, 21(2): 175-182.

常华进, 储雪蕾, 黄晶, 等. 2007. 沉积环境细菌作用下的硫同位素分馏[J]. 地质论评, 53(6): 807-813.

曹双林, 潘家永, 马东升. 2004. 湘西北早寒武世黑色岩系微量元素地球化学特征[J]. 矿物学报, 24(4): 415-419.

车勤建. 1995. 沉积型(贡溪式)重晶石矿床模式[J]. 大地构造与成矿学, 19(3): 288-289.

陈道公, 支霞臣, 杨海涛. 1994. 地球化学[M]. 合肥: 中国科学技术大学出版社: 301-304.

陈多福, 陈光谦, 陈先沛. 2002. 贵州瓮福新元古代陡山沱期磷矿床铅同位素特征及来源探讨[J]. 地球化学, 31(1): 49-54.

陈多福, 潘晶铭, 徐文新, 等. 1998. 华南震旦纪基性火山岩的地球化学及构造环境[J]. 岩石学报, 14(3): 343-350.

陈家林, 田文, 牟宗玉, 等. 2010. 鄂西地区牛蹄塘组钼钒矿地质特征及找矿远景探讨[J]. 华南地质与矿产, (1): 40-47.

陈兰, 钟宏, 胡瑞忠, 等. 2006. 黔北早寒武世缺氧事件: 生物标志化合物及有机碳同位素特征[J]. 岩石学报, 22(9): 2413-2423.

陈明辉, 胡祥昭, 卢兵, 等. 2014. 湘西北岩头寨钒矿成矿地质特征及成因[J]. 矿产勘查, 5(5): 751-761.

陈南生, 杨秀珍, 刘德汉, 等. 1982. 我国南方下寒武统黑色岩系及其中的层状矿床[J]. 矿床地质, 1(2): 39-48.

陈益平, 潘家永, 胡凯, 等. 2007. 贵州遵义镍-钼富集层中独居石的发现及成因意义[J]. 岩石矿物学杂志, 26(4): 340-344.

陈益平, 潘家永, 夏菲, 等. 2006. 华南下寒武统镍钼矿层中铜铅锌矿物的发现及意义[J]. 东华理工学院学报, 29(1): 32-37.

储雪蕾, 封兰英, 陈其英. 1995. 贵州开阳晚震旦世磷块岩的硫同位素组成及意义[J]. 科学通报, 40(2): 148-150.

丁佑良, 李有禹. 1997. 湘西北镍钼多金属矿床的元素组合及微量元素地球化学[J]. 湖南地质, 16(2): 30-32.

东野脉兴. 2001. 扬子地块陡山沱期与梅树村期磷矿区域成矿规律[J]. 化工矿产地质, 23(4): 193-209.

东野脉兴, 郑文忠, 胡珞兰. 1992. 壳粒磷块岩及其成矿规律[J]. 矿物岩石, 12(2): 61-69.

范德廉, 杨秀珍, 王连芳, 等. 1973. 某地下寒武统含镍钼多元素黑色岩系的岩石学及地球化学特点[J]. 地球化学, (3): 143-164.

范德廉, 叶杰, 杨瑞英, 等. 1987. 扬子地台前寒武-寒武纪界线附近的地质事件与成矿作用[J]. 沉积学报, 5(3): 81-95, 181.

范德廉, 张焘, 叶杰, 等. 2004. 中国的黑色岩系及其有关矿床[M]. 北京: 科学出版社: 1-136.

方维萱, 胡瑞忠, 苏文超, 等. 2002. 大河边-新晃超大型重晶石矿床地球化学特征及形成的地质背景[J]. 岩石学报, 18(2): 247-256.

冯东, 陈多福, 苏正, 等. 2005. 海底天然气渗漏系统微生物作用及冷泉碳酸盐岩的特征[J]. 现代地质, 19(1): 26-32.

傅家谟, 徐芬芳, 陈德玉, 等. 1985. 茂名油页岩中生物输入的标志化合物[J]. 地球化学, 14(2): 99-114.

高怀忠. 1998. 中国早寒武世重晶石及毒重石矿床的生物化学沉积成矿模式[J]. 矿物岩石, 18(2): 70-77.

韩发, 沈建忠, 哈钦森 R W. 1993. 冰长石——大厂锡-多金属矿床同生成因的标志矿物[J]. 矿床地质, 12(4): 330-337.

韩善楚, 胡凯, 曹剑, 等. 2012. 华南早寒武世黑色岩系镍钼多金属矿床矿物学特征研究[J]. 矿物学报, 32(2): 269-280.

侯俊富. 2008. 南秦岭下寒武统黑色岩系中金-钒成矿特征及成矿规律[D]. 西安: 西北大学.

侯增谦, 曲晓明, 徐明基, 等. 2001. 四川呷村 VHMS 矿床: 从野外观察到成矿模型[J]. 矿床地质, 20(1): 44-56.

胡承伟. 2009. 贵州镇远江古钒矿矿床地质地球化学特征[D]. 贵阳: 贵州大学.

胡能勇, 夏浩东, 戴塔根, 等. 2010. 湘西北下寒武统黑色岩系中的沉积型钒矿[J]. 地质找矿论丛, 25(4): 296-302.

胡清洁. 1997. 新晃贡溪超大型重晶石矿床的岩石学特征与沉积成岩作用[J]. 湖南地质, 16(2): 106-111.

胡瑞忠, 彭建堂, 马东升, 等. 2007. 扬子地块西南缘大面积低温成矿时代[J]. 矿床地质, 26(6): 583-596.

黄怀勇, 王道经, 陈广浩, 等. 2002. 天门山震旦/寒武系界线上可能撞击事件目标地层展布与分析[J]. 大地构造与成矿学, 26(3): 285-288.

黄怀勇, 王道经, 陈广浩, 等. 2004. 天门山震旦/寒武系界线上地外撞击事件痕迹[J]. 大地构造与成矿学, 28(1): 198-204.

黄燕. 2011. 湖南张家界地区寒武系牛蹄塘组黑色岩系沉积地球化学研究[D]. 成都: 成都理工大学.

黄燕, 林丽, 杨永军, 等. 2011. 湘西北张家界地区早寒武世牛蹄塘组黑色岩系镍钼矿层生物标志物的特征[J]. 地质通报, 30(1): 126-133.

江新华, 金涛, 许立臣, 等. 2010. 湘西北钟家铺钒矿地质特征及成因浅析[J]. 化工矿产地质, 32(2): 112-118.

姜月华, 岳文浙, 业治铮. 1994. 华南下古生界缺氧事件与黑色页岩及有关矿产[J]. 有色金属矿产与勘查, 3(5): 272-278.

蒋干清. 1992. 生物成矿研究的现状与进展[J]. 地质科技情报, 11(3): 45-50.

蒋少涌, 凌洪飞, 赵葵东, 等. 2008. 华南寒武纪早期牛蹄塘组黑色岩系中 Ni-Mo 多金属硫化物矿层的 Mo 同位素组成讨论[J]. 岩石矿物学杂志, 27(4): 341-345.

李娟, 于炳松, 郭峰. 2013. 黔北地区下寒武统底部黑色页岩沉积环境条件与源区构造背景分析[J]. 沉积学报, 31(1): 20-31.

李任伟, 李哲, 王志珍, 等. 1988. 分子化石指标在中国东部盆地古环境分析中的应用[J]. 沉积学报, 6(4): 108-119.

李任伟, 卢家烂, 张淑坤, 等. 1999. 震旦纪和早寒武世黑色页岩有机碳同位素组成[J]. 中国科学(D 辑), 29(4): 351-357.

李胜荣, 高振敏. 1995. 湘黔地区牛蹄塘组黑色岩系稀土特征——兼论海相热水沉积岩稀土模式[J]. 矿物学报, 15(2): 225-229.

李胜荣, 高振敏. 1996. 湘黔地区下寒武统黑色岩系热演化条件[J]. 地质地球化学, (4): 30-34.

李胜荣, 高振敏. 2000. 湘黔寒武系底部黑色岩系贵金属元素来源示踪[J]. 中国科学(D 辑), 30(2): 169-174.

李胜荣, 肖启云, 申俊峰, 等. 2002. 湘黔下寒武统铂族元素来源与矿化年龄的 Re-Os 同位素制约[J]. 中国科学(D 辑), 32(7): 568-575.

李文炎, 余洪云. 1991. 中国重晶石矿床[M]. 北京: 地质出版社.

李有禹. 1997. 湖南大庸慈利一带下寒武统黑色页岩中海底喷流沉积硅岩的地质特征[J]. 岩石学报, 13(1): 121-126.

廖卫华. 2001. 中国晚泥盆世 F/F 生物集群灭绝事件及其后的生物复苏的研究[J]. 中国科学(D 辑), 31(8): 663-667.

林丽, 庞艳春, 马莉燕. 2009. 华南早寒武世牛蹄塘组中热液/热水沉积特征//中国古生物学会第十次全国会员代表大会暨第 25 届学术年会论文摘要集[C]. 南京: 40-41.

刘宝珺, 许效松, 潘杏南, 等. 1993. 中国南方古大陆沉积地壳演化与成矿[M]. 北京: 科学出版社.

刘家军, 柳振江, 杨艳, 等. 2007. 南秦岭大型钡成矿带有机地球化学特征与生物标示物研究[J]. 矿物岩石, 27(3): 39-48.

刘家军, 吴胜华, 柳振江, 等. 2008. 扬子地块北缘大型钡成矿带中硫同位素组成及其意义[J]. 矿物岩石地球化学通报, 27(3): 269-275.

刘家仁. 1999. 试谈织金磷矿的综合利用问题[J]. 贵州地质, 16(3): 253-258.

刘胤, 倪志耀, 翟明国, 等. 2010. 冀北异剥钙榴岩中的钡冰长石的发现及地质意义[J]. 成都理工大学学报(自然科学版), 37(3): 268-272.

刘英俊, 曹励明, 李兆麟, 等. 1984. 元素地球化学[M]. 北京: 科学出版社.

龙洪波, 龙家灿, 钟永蓉, 等. 1994. 樟村-郑坊黑色岩系钒矿床中钡冰长石岩的发现——热水沉积成因的证据[J]. 科学通报, 39(7): 636-638.

卢家烂, 傅家谟, 彭平安, 等. 2004. 金属成矿中的有机地球化学研究[M]. 广州: 广东科技出版社.

卢衍豪. 1979. 中国寒武纪沉积矿产与"生物-环境控制论"[M]. 北京: 地质出版社: 3-57.

罗泰义, 宁兴贤, 罗远良, 等. 2005. 贵州遵义早寒武黑色岩系底部 Se 的超常富集[J]. 矿物学报, 25(3): 275-282.

罗泰义, 张欢, 李晓彪, 等. 2003. 遵义牛蹄塘组黑色岩系中多元素富集层的主要矿化特征[J]. 矿物学报, 23(4): 296-302.

罗卫, 戴塔根. 2007. 湘西北下寒武统黑色岩系中贵金属镍-钼-钒矿床的有机成矿作用[J]. 矿产与地质, 21(5): 504-508.

马莉燕, 林丽, 庞艳春, 等. 2010. 湖南天门山牛蹄塘组底部沉积环境分析[J]. 成都理工大学学报(自然科学版), 37(3): 249-255.

毛景文, 张光弟, 杜安道, 等. 2001. 遵义黄家湾镍钼铂族元素矿床地质、地球化学和 Re-Os 同位素年龄测定——兼论华南寒武系底部黑色页岩多金属成矿作用[J]. 地质学报, 75(2): 234-243.

毛铁, 杨瑞东, 高军波, 等. 2015. 贵州织金寒武系磷矿沉积特征及灯影组古喀斯特面控矿特征研究[J]. 地质学报, 89(12): 2374-2388.

牟保磊, 邵济安, 张辉, 等. 2013. 矾山杂岩体多元长石的成分、结构及其研究意义[J]. 矿物岩石地球化学通报, 32(1): 70-80.

潘家永, 马东升, 夏菲, 等. 2005. 湘西北下寒武统镍-钼多金属富集层镍与钼的赋存状态[J]. 矿物学报, 25(3): 283-288.

彭军, 夏文杰, 伊海生. 1999a. 湖南新晃贡溪重晶石矿床地质地球化学特征及成因分析[J]. 成都理工学院学报, 26(1): 92-96.

彭军, 夏文杰, 伊海生. 1999b. 湘西晚前寒武纪层状硅质岩的热水沉积地球化学标志及其环境意义[J]. 岩相古地理, 19(2): 29-37.

彭立才, 杨平, 濮人龙. 1999. 陆相咸化湖泊沉积硫酸盐岩硫同位素组成及其地质意义[J]. 矿物岩石地球化学通报, 18(2): 99-102.

彭平安, 秦艳, 张辉, 等. 2008. 封闭体系有机质与有机碳氢氮恢复动力学研究[J]. 海相油气地质, 13(2): 27-36.

皮道会. 2010. 华南前寒武纪—寒武纪年代学及沉积古环境研究[R]. 南京: 南京大学.

蒲心纯. 1987. 上扬子区晚震旦世沉积岩沉积相及矿产[M]. 重庆: 重庆出版社.

蒲心纯, 周浩达, 王熙林, 等. 1993. 中国南方寒武纪岩相古地理与成矿作用[M]. 北京: 地质出版社.

屈敏, 郭敬辉, 赖勇, 等. 2011. 华北克拉通中部带高压麻粒岩地体中 1.81Ga 富钡冰长石伟晶岩脉的成因及地质意义[J]. 中国科学: 地球科学, 41(12): 1840-1850.

施春华. 2005. 磷矿的形成与 Rodinia 超大陆裂解、生物爆发的关系[D]. 贵阳: 中国科学院研究生院地球化学研究所.

孙涛, 王成善, 李亚林, 等. 2013. 羌塘盆地上侏罗统白龙冰河组分子地球化学特征及意义[J]. 地球化学, 42(4): 352-360.

孙晓明, 王敏, 薛婷, 等. 2003. 华南下寒武统黑色岩系铂多金属矿中黄铁矿流体包裹体的 He-Ar 同位素体系[J]. 高校地质学报, 9(4): 661-666.

孙泽航, 胡凯, 韩善楚, 等. 2015. 湘黔新晃—天柱重晶石矿床微量稀土元素和硫同位素研究[J]. 高校地质学报, (4): 701-710.

谭满堂, 丁振举, 姚书振, 等. 2013. 鄂西白果园银钒矿床地球化学特征与成矿作用[J]. 地质科技情报, 32(2): 50-57.

佟景贵, 李胜荣, 肖启云, 等. 2004. 贵州遵义中南村黑色岩系黄铁矿的成分标型与成因探讨[J]. 现代地质, 18(1): 41-47.

王成善, 张哨楠. 1987. 藏北双湖地区三叠纪油页岩的发现[J]. 中国地质, (8): 29-31.

王登红, 陈毓川, 邹天人, 等. 2000. 新疆阿尔泰阿祖拜稀有金属-宝石矿床的成矿时代——燕山期稀有金属成矿的新证据[J]. 地质论评, 46(3): 307-311.

王富良, 黄艺, 付勇, 等. 2020. 黔东早寒武世早期重晶石富集机制研究——来自硫同位素的约束[J]. 地球学报, 41(5): 686-698.

王琳. 2001. 俄罗斯的金矿床[J]. 国外铀金地质, 18(4): 217-226.

王敏. 2004. 华南下寒武统黑色岩系铂多金属矿地质地球化学及其成因[D]. 广州: 中山大学.

王敏, 孙晓明, 马名扬. 2004a. 华南黑色岩系铂多金属矿成矿流体地球化学及其矿床成因意义[J]. 中山大学学报(自然科学版), 43(5): 98-102.

王敏, 孙晓明, 马名扬. 2004b. 黔西新华大型磷矿磷块岩稀土元素地球化学及其成因意义[J]. 矿床地质, 23(4): 485-493.

王铁冠. 1990. 试论我国某些原油与生油岩中的沉积环境生物标志物[J]. 地球化学, (3): 256-263.

王砚耕, 朱士兴. 1984. 黔中陡山沱时期含磷地层及磷块岩研究的新进展[J]. 中国区域地质, (1): 129.

王忠诚, 储雪蕾. 1993. 早寒武世重晶石与毒重石的锶同位素比值[J]. 科学通报, 38(16): 1490-1492.

王忠诚, 储雪蕾, 李仲. 1993. 高 $\delta^{34}S$ 值重晶石矿床的成因解释[J]. 地质科学, 28(2): 191-192.

吴朝东, 陈其英. 1999. 湘西磷块岩的岩石地球化学特征及成因[J]. 地质科学, 34(2): 213-222.

吴朝东, 杨承运, 陈其英. 1999a. 湘西黑色岩系地球化学特征和成因意义[J]. 岩石矿物学杂志, 18(1): 26-39.

吴朝东, 杨承运, 陈其英. 1999b. 新晃贡溪—天柱大河边重晶石矿床热水沉积成因探讨[J]. 北京大学学报(自然科学版), 35(6): 774-785.

吴庆余. 1986. 微体藻类化石与红有机色素在前寒武纪地层中的同时发现[J]. 微体古生物学报, 3(1): 61-67.

吴卫芳, 潘家永, 夏菲, 等. 2009. 贵州天柱大河边重晶石矿床硫同位素研究[J]. 东华理工大学学报(自然科学版), 32(3): 205-208.

吴祥和, 韩至钧, 蔡继锋, 等. 1999. 贵州磷块岩[M]. 北京: 地质出版社: 1-124.

夏菲, 马东升, 潘家永, 等. 2004. 贵州天柱大河边和玉屏重晶石矿床热水沉积成因的锶同位素证据[J]. 科学通报, 49(24): 2592-2595.

夏菲, 马东升, 潘家永, 等. 2005a. 天柱大河边—新晃重晶石矿床矿物组成特征的电子探针研究[J]. 矿物学报, 25(3): 289-294.

夏菲, 马东升, 潘家永, 等. 2005b. 天柱大河边重晶石矿床铅同位素特征及来源探讨[J]. 地球化学, 34(5): 501-507.

夏学惠, 袁俊宏, 杜家海, 等. 2011. 中国沉积磷矿床分布特征及资源潜力[J]. 武汉工程大学学报, 33(2): 6-11.

杨剑. 2009. 黔北地区下寒武统黑色岩系形成环境与地球化学研究[D]. 西安: 长安大学.

杨剑, 易发成, 侯兰杰. 2004. 黔北黑色岩系的岩石地球化学特征和成因[J]. 矿物学报, 24(3): 285-289.

杨剑, 易发成, 刘涛, 等. 2005. 黔北黑色岩系稀土元素地球化学特征及成因意义[J]. 地质科学, 40(1): 84-94.

杨杰东, 孙卫国, 王银喜, 等. 1992. 云南晋宁梅树村剖面前寒武系—寒武系界线化石 Sm-Nd 同位素年龄测定[J]. 中国科学(B 辑), (3): 322-327.

杨瑞东, 鲍淼, 魏怀瑞, 等. 2007a. 贵州天柱寒武系底部重晶石矿床中热水生物群的发现及意义[J]. 自然科学进展, 17(9): 1304-1309.

杨瑞东, 魏怀瑞, 鲍淼, 等. 2007b. 贵州天柱上公塘—大河边寒武纪重晶石矿床海底热水喷流沉积结构、构造特征[J]. 地质论评, 53(5): 675-680.

杨瑞东, 朱立军, 高慧, 等. 2005. 贵州遵义松林寒武系底部热液喷口及与喷口相关生物群特征[J]. 地质论评, 51(5): 481-492.

杨森楠, 杨巍然. 1985. 中国区域大地构造学[M]. 北京: 地质出版社.

杨卫东, 肖金凯, 陈丰, 等. 1997. 滇黔磷块岩沉积学、地球化学与可持续开发战略[M]. 北京: 地质出版社: 1-105.

杨兴莲, 朱茂炎, 赵元龙, 等. 2008. 黔东震旦系—下寒武统黑色岩系稀土元素地球化学特征[J]. 地质论评, 54(1): 3-15.

杨义录. 2010. 湘黔边境重晶石矿成矿地质背景及成矿模式浅析[J]. 贵州大学学报(自然科学版), 27(1): 43-48.

杨子元, 孙未君, Drew L J. 1993. 白云鄂博的钾-钡长石系列与钡交代作用[J]. 地质找矿论丛, 8(3): 89-94.

叶连俊. 1998. 生物有机质成矿作用和成矿背景[M]. 北京: 海洋出版社: 1-460.

叶连俊, 陈其英, 赵东旭, 等. 1989. 中国磷块岩[M]. 北京: 科学出版社.

叶少贞, 孔凡兵. 2006. 修武地区黑色岩系型钒矿地质特征及成因浅析[J]. 资源环境与工程, 20(5): 501-504.

殷鸿福, 谢树成, 周修高. 1994. 微生物成矿作用研究的新进展和新动向[J]. 地学前缘, 1(3-4): 148-156.

游先军. 2010. 湘西下寒武统黑色岩系中的镍钼钒矿研究[D]. 长沙: 中南大学.

游先军, 戴塔根, 息朝庄, 等. 2009. 湘西北下寒武统黑色岩系地球化学特征[J]. 大地构造与成矿学, 33(2): 304-312.

于炳松, 王黎栋, 陈建强, 等. 2003. 塔里木盆地北部下寒武统底部黑色页岩形成的次氧化条件[J]. 地学前缘, 10(4): 545-550.

余洪云. 1988. 贵州天柱大河边重晶石矿床地质特征及找矿方向[J]. 贵州地质, 5(1): 1-9.

曾明果. 1998. 遵义黄家湾镍钼矿地质特征及开发前景[J]. 贵州地质, 15(4): 305-310.

曾明果. 2007. 遵义黄家湾下寒武统底部 Mo-Ni-PGE 矿中铂族元素赋存形态分析及成因意义[J]. 贵州地质, 24(2): 147-150.

张爱云. 1987. 海相黑色页岩中一种动物型的有机显微组分[J]. 现代地质, 1(2): 230-237.

张爱云, 蔡云开, 初志明, 等. 1992. 沉积有机质中稳定碳同位素逆转现象初探[J]. 沉积学报, 10(4): 49-59.

张爱云, 潘治贵, 翁成敏, 等. 1982. 杨家堡含钒石煤的物质成分和钒的赋存状态及配分的研究[J]. 地球科学, (1): 193-206.

张爱云, 翁成敏. 1989. 黑色页岩型钒矿提钒的主导矿物[J]. 地球科学——中国地质大学学报, 14(4): 391-397.

张光弟, 李九玲, 熊群尧, 等. 2002. 贵州遵义黑色页岩铂族金属富集特点及富集模式[J]. 矿床地质, 21(4): 377-386.

张辉, 彭平安, 刘大永, 等. 2008. 开放体系下有机质与有机碳、氢、氮损失动力学研究[J]. 地质学报, 82(5): 710-720.

张杰, 陈代良. 2000. 贵州织金新华含稀土磷矿床扫描电镜研究[J]. 矿物岩石, 20(3): 59-64.

张杰, 张覃, 陈代良. 2003. 贵州织金新华含稀土磷矿床稀土元素地球化学及生物成矿基本特征[J]. 矿物岩石, 23(3): 35-38.

张杰, 张覃, 陈代良. 2004. 贵州织金新华含稀土磷矿床稀土元素地球化学研究[J]. 地质与勘探, 40(1): 41-44.

张俊明, 李国祥, 周传明. 1997. 滇东下寒武统含磷岩系底部火山喷发事件沉积及其意义[J]. 地层学杂志, 21(2): 91-99.

张彦斌, 龚美菱, 李华. 2007. 贵州织金地区稀土磷块岩矿床中稀土元素赋存状态[J]. 地球科学与环境学报, 29(4): 362-368.

张岳, 颜丹平, 赵菲, 等. 2016. 贵州开阳磷矿区下寒武统牛蹄塘组地层层序及其 As、Sb、Au、

Ag 丰度异常与赋存状态研究[J]. 岩石学报, 32(11): 3252-3268.

赵元龙, Steiner M, 杨瑞东, 等. 1999. 贵州遵义下寒武统牛蹄塘组早期后生生物群的发现及重要意义[J]. 古生物学报, 38(S1): 132-144, 187-188.

郑永飞, 陈江峰. 2000. 稳定同位素地球化学[M]. 北京: 科学出版社: 218-231.

周洁. 2008. 遵义下寒武统黑色岩系 Ni-Mo 矿的地球化学特征及其成因[D]. 南京: 南京大学.

周洁, 胡凯, 边立曾, 等. 2008. 贵州遵义下寒武统黑色岩系 Ni-Mo 多金属矿地球化学特征及成矿作用[J]. 矿床地质, 27(6): 742-750.

周明忠, 罗泰义, 李正祥, 等. 2008. 遵义牛蹄塘组底部凝灰岩锆石 SHRIMP U-Pb 年龄及其地质意义[J]. 科学通报, 53(1): 104-110.

朱红周, 侯俊富, 王淑利. 2010. 南秦岭千家坪钒矿床地质地球化学特征与钒的富集规律[J]. 中国地质, 37(5): 1490-1500.

朱建明, Johnson T M, 罗泰义, 等. 2008. 贵州遵义牛蹄塘组黑色岩系的硒同位素变化及其环境指示初探[J]. 岩石矿物学杂志, 27(4): 361-364.

褚有龙. 1989. 中国重晶石矿床的成因类型[J]. 矿床地质, 8(4): 91-96.

Aharon P, Fu B. 2003. Sulfur and oxygen isotopes of coeval sulfate-sulfide in pore fluids of cold seep sediments with sharp redox gradients[J]. Chemical Geology, 195(1-4): 201-218.

Airo M L, Loukola-Ruskeeniemi K. 2004. Characterization of sulfide deposits by airborne magnetic and gamma-ray responses in eastern Finland[J]. Ore Geology Reviews, 24(1-2): 67-84.

Aitchison J C, Flood P G. 1990. Geochemical constraints on the depositional setting of Palaeozoic cherts from the New England orogeny, NSW, eastern Australia[J]. Marine Geology, 94(1-2): 79-95.

Anbar A D. 2004. Molybdenum stable isotopes: Observations, interpretations and directions[J]. Review in Mineralogy Geochemistry, 55(1): 429-454.

Arthur M A, Schlanger S O, Jenkyns H C. 1987. The Cenomanian-Turonian Oceanic Anoxic Event, II-Palaeoceanographic controls on organic-matter production and preservation[M]//Brooks J, Fleet A J. Marine Petroleum Source Rocks, London: 26: 401-420.

Barrett T J, Jarvis I, Jarvis K E. 1990. Rare earth element geochemistry of massive sulfides–sulfates and gossans on the Southern Explorer Ridge[J]. Geology, 18(7): 583-586.

Bau M. 1996. Controls on the fractionation of isovalent trace elements in magmatic and aqueous systems: Evidence from Y/Ho, Zr/Hf, and lanthanide tetrad effect[J]. Contributions to Mineralogy and Petrology, 123(3): 323-333.

Belkin H E, Luo K. 2008. Late-stage sulfides and sulfarsenides in Lower Cambrian black shale (stone coal) from the Huangjiawan mine, Guizhou Province, People's Republic of China[J]. Mineralogy and Petrology, 92(3-4): 321-340.

Beran A, Armstrong J, Rossman G R. 1992. Infrared and electron microprobe analysis of ammonium ions in hyalophane feldspar[J]. European Journal of Mineralogy, 4(4): 847-850.

Bertine K K, Turekian K K. 1973. Molybdenum in marine deposits[J]. Geochimica et Cosmochimica Acta, 37(6): 1415-1434.

Bratton J, Berry W B N, Morrow J R. 1999. Anoxia pre-dates Frasnian-Famennian boundary mass extinction horizon in the Great Basin, USA[J]. Palaeogeography, Palaeoclimatology, Palaeoecology, 154(3): 275-292.

Brumsack J H. 1986. The inorganic geochemistry of Cretaceous black shales (DSDP Leg 41) in comparison to modern upwelling sediments from the Gulf of California. [J]. Geological Society London Special Publications, 21(1): 447-462.

Boon J J, Rijpstra W I C, De Lange F, et al. 1979. Black Sea sterol: A molecular fossil for dinoflagellate blooms[J]. Nature, 277(5692): 125-127.

Cao J, Hu W X, Yao S P, et al. 2007. Mn content of reservoir calcite cement: A novel inorganic geotracer of secondary petroleum migration in the tectonically complex Junggar Basin (NW China) [J]. Science in China Series D: Earth Sciences, 50(12): 1796-1809.

Cao J, Hu K, Zhou J, et al. 2013. Organic clots and their differential accumulation of Ni and Mo within early Cambrian black-shale-hosted polymetallic Ni-Mo deposits, Zunyi, South China[J]. Journal of Asian Earth Sciences, (62): 531-536.

Clarke J M. 1904. Naples fauna in western New York, Pt. 2-Albaby[J]. New York State Mus. Men. 6: 454.

Clark R C, Blumer M. 1967. Distribution of n-paraffins in marine organisms and sediment[J]. Limnology and Oceanography, 12(1): 79-87.

Clark S H B, Gallagher M J, Poole F G, et al. 1991. World barite resources: A review of recent production patterns and a genetic classification[J]. Transactions of the Institution of Mining and Metallurgy (Section B: Applied Earth Science), 99: 125-132.

Clark S H B, Poole F G, Wang Z C. 2004. Comparison of some sediment-hosted, stratiform barite deposits in China, the United States, and India[J]. Ore Geology Reviews, 24(1-2): 85-101.

Coveney R M, Chen N S. 1991. Ni-Mo-PGE-Au-rich ores in Chinese black shales and speculations on possible analogues in the United States[J]. Mineralium Deposita, 26: 83-88.

Coveney R M, Murowchick J B, Grauch R I, et al. 1992. Gold and platinum in shales with evidence against extraterrestrial sources of metals[J]. Chemical Geology, 99(1-3): 101-114.

Coveney R M, Pašava J. 2004. Diverse connections between ores and organic matter[J]. Ore Geology Reviews, 24(1): 1-5.

Dill H G. 1986. Metallogenesis of Early Paleozoic graptolite shales from the Graefenthal Horst (northern Bavaria-Federal Republic of Germany)[J]. Economic Geology, 81(4): 889-903.

Douville E, Bienvenu P, Charlou J I, et al. 1999. Yttrium and rare earth elements in fluids from various deep-sea hydrothermal systems[J]. Geochimica et Cosmochimica Acta, 63(5): 627-643.

Dymond J, Suess E, Lyle M. 1992. Barium in deep-sea sediment: A geochemical proxy for paleoproductivity[J]. Paleoceanography and Paleoclimatology, 7(2): 163-181.

Emerson S R, Huested S S. 1991. Ocean anoxia and the concentrations of molybdenum and vanadium in seawater[J]. Marine Chemistry, 34(3-4): 177-196.

Essene E J, Claflin C L, Giorgetti G, et al. 2005. Two-, three- and four-feldspar assemblages with hyalophane and celsian: Implications for phase equilibria in $BaAl_2Si_2O_8$-$CaAl_2Si_2O_8$-$NaAlSi_3O_8$-$KAlSi_3O_8$[J]. European Journal of Mineralogy, 17(4): 515-535.

Falkner K K, Klinkhammer G P, Bowers T S, et al. 1993. The behavior of barium in anoxic waters[J]. Geochimica et Cosmochimica Acta, 57(3): 537-554.

Fan D. 1983. Polyelements in the Lower Cambrian Black Shale Series in Southern China[M]//The Significance of Trace Elements in Solving Petrogenetic Problems and Controversies. Greece: Theophrastus Publications S A: 447-174.

Fan D L, Yang R, Huang Z. 1984. The Lower Cambrian black shale series and the iridium anomaly in South China[C]. Developments in Eoscience, Contributions to the 27th IGC, Moscow: 215-224.

Fortey N J, Beddoe-Stephens B. 1982. Barium silicates in stratabound Ba-Zn mineralization in the Scottish Dalradian. Mineral. Mag., 46: 63-72.

Frondel C, Ito J, Hendricks J G. 1966. Barium feldspars from Franklin, New Jersey[J]. American Mineralogist, 51(9-10): 1388-1393.

Fry B, Cox J, Gest H, et al. 1986. Discrimination between ^{34}S and ^{32}S during bacterial metabolism of inorganic sulfur compounds[J]. Journal of Bacteriology, 165(1): 328-330.

Ganapathy R. 1980. A major meteorite impact on the earth 65 million years ago: Evidence from the Cretaceous-Tertiary boundary clay[J]. Science, 209(4459): 921-923.

Graf J L. 1977. Rare earth elements as hydrothermal tracers during the formation of massive sulfide deposits in volcanic rocks[J]. Economic Geology, 72(4): 527-548.

Grantham P J. 1986. The occurrence of unusual C_{27} and C_{29} sterane predominances in two types of Omm crude oil[J]. Organic Geochemistry, 9(1): 1-10.

Habicht K S, Canfield D E, Rethmeier J. 1998. Sulfur isotope fractionation during bacterial reduction and disproportionation of thiosulfate and sulfite[J]. Geochimica et Cosmochimica Acta, 62 (15): 2585-2595.

Han J, Calvin M. 1969. Hydrocarbon distribution of algae and bacteria and microbiological activity in sediments[J]. Proceedings of the Natioanl Academy of Science of the United States of America, 64(2): 436-443.

Hanor J S. 2000. Barite-celestine geochemistry and environments of formation[J]. Reviews in Mineralogy and Geochemistry, 40(1): 193-275.

Hatch J R, Leventhal J S. 1992. Relationship between inferred redox potential of the depositional environment and geochemistry of the Upper Pennsylvanian (Missourian) Stark Shale Member of the Dennis Limestone, Wabaunsee County, Kansas, USA[J]. Chemical Geology, 99(1-3): 65-82.

Hoefs J. 1997. Stable Isotope Geochemistry[M]. Berlin: Springer-Verlag.

Horan M F, Morgan J W, Grauch R, et al. 1994. Rhenium and osmium isotopes in black shales and Ni-Mo-PGE-rich sulfide layers, Yukon Territory, Canada, and Hunan and Guizhou Provinces, China[J]. Geochimica et Cosmochimica Acta, 58(1): 257-265.

Hosler W T, Kaplan I R. 1966. Isotope geochemistry of sedimentary sulfur[J]. Chemistry Geology, 1: 93-135.

Hou Z Q, Khin Z, Qu X M, et al. 2001. Origin of the Gacun volcanic-hosted massive sulfide deposit in Sichuan, China: Fluid inclusion and oxygen isotope evidence[J]. Economic Geology, 96(7): 1491-1512.

Huang W Y, Meinschein W G. 1978. Sterols in sediments from Baffin Bay, Texas[J]. Geochimica et Cosmochimica Acta, 42(9): 1391-1396.

Isozaki Y. 1997. Permo-Triassic boundary superanoxia and stratified superocean: Records from lost deep sea[J]. Science, 276(5310): 235-238.

Jakobsen U H. 1990. A hydrated barium silicate in unmetamorphosed sedimentary-rocks of central North Greenland[J]. Mineralogical Magazine, 54(374): 81-89.

Jenkyns H C. 1985. The early Toarcian and Cenomanian-Turonian anoxic events in Europe: Comparisons and contrasts[J]. Geologische Rundschau, 74(3): 505-518.

Jewell P W. 2000. Bedded barite in the geologic record[J]. Marine Authigenesis: From Global to Microbial, 66: 147-161.

Jewell P W, Stallard R F. 1991. Geochemistry and paleoceanographic setting of central Nevada bedded barites[J]. The Journal of Geology, 99(2): 151-170.

Jiang S Y, Yang J H, Ling H F, et al. 2003. Re-Os isotopes and PGE geochemistry of black shales and intercalated Ni-Mo polymetallic sulfide bed from the Lower Cambrian Niutitang Formation, South China[J]. Progress in Natural Science, 13(10): 788-794.

Jiang S Y, Chen Y Q, Ling H F, et al. 2006. Trace-and rare-earth element geochemistry and Pb-Pb dating of black shales and intercalated Ni-Mo-PGE-Au sulfide ores in Lower Cambrian strata, Yangtze Platform, South China[J]. Mineralium Deposita, 41(5): 453-467.

Jiang S Y, Yang J H, Ling H F, et al. 2007. Extreme enrichment of polymetallic Ni-Mo-PGE-Au in Lower Cambrian black shales of South China: An Os isotope and PGE geochemical investigation[J]. Palaeogeography, Palaeoclimatology, Palaeoecology, 254(1-2): 217-228.

Jiang S Y, Pi D H, Heubeck C, et al. 2009. Early Cambrian ocean anoxia in South China[J]. Nature, 459(7248): E5-E6.

Jin Z J, Cao J, Hu W X, et al. 2008. Episodic petroleum fluid migration in fault zones of the northwestern Junggar Basin (Northwest China): Evidence from hydrocarbon-bearing zoned calcite cement[J]. AAPG Bulletin, 92(9): 1225-1243.

Jones B, Manning D A C. 1994. Comparison of geochemical indices used for the interpretation of palaeoredox conditions in ancient mudstones[J]. Chemical Geology, 111(1-4): 111-129.

Kaiho K. 1992. Global changes of Paleogeue aerobic/anaerobic benthic foraminifera and deep-sea circulation[J]. Palaeogeography, Palaeoclimatology, Palaeoecology, 83(1-3): 65-85.

Kaiho K, Kajiwara Y, Tazaki K, et al. 1999. Oceanic primary productivity and dissolved oxygen levels at the Cretaceous/Tertiary boundary: Their decrease, subsequent warming, and recovery[J]. Paleoceanography and Paleoclimatology, 14(4): 511-514.

Kao L S, Peacor D R, Coveney R M, et al. 2001. A C/MoS$_2$ mixed-layer phase (MoSC) occurring in metalliferous black shales from southern China, and new data on jordisite[J]. American Mineralogist, 86(7-8): 852-861.

Kleemann G, Poralla K, Englert G, et al. 1990. Tetrahymanol from the phototrophic bacterium *Rhodopseudomonas palustris*: First report of a gammacerane triterpene from a prokaryote[J]. Journal of General Microbiology, 136(12): 2551-2553.

Křibek B, Hladikova J, Zak K, et al. 1996. Barite-hyalophane sulfidic ores at Rozna, Bohemian Massif, Czech Republic metamorphosed black shale-hosted submarine exhalative mineralization[J]. Economic Geology, 91(1): 14-35.

Křibek B, Sýkorová I, Pašava J, et al. 2007. Organic geochemistry and petrology of barren and Mo-Ni-PGE mineralized marine black shales of the Lower Cambrian Niutitang Formation (South China)[J]. International Journal of Coal Geology, 72(3-4): 240-256.

Lehmann B, Nagler T F, Holland H D, et al. 2007. Highly metalliferous carbonaceous shale and Early Cambrian seawater[J]. Geology, 35(5): 403-406.

Lott D A, Coveney R M, Murowchick J, et al. 1999. Sedimentary exhalative nickel-molybdenum ores in south China[J]. Economic Geology, 94(7): 1051-1066.

Lottermoser B G. 1989. Rare earth element study of exhalites within the Willyama supergroup, Broken Hill Block, Australia[J]. Mineralium Deposita, 24(2): 92-99.

Lydon J W, Goodfellow W D, Jonasson I R. 1985. A general genetic model for stratiform baritic deposits of the Selwyn Basin, Yukon Territory and district of Mackenzie[J]. Current Research Part A: Geological Survey of Canada Paper, 85: 651-660.

Macnamara J, Thode H G. 1950. Comparison of the isotopic constitution of terrestrial and meteoritic sulfur[J]. Physical Review, 78(3): 307-308.

Mao J W, Lehmann B, Du A D, et al. 2002. Re-Os dating of polymetallic Ni-Mo-PGE-Au mineralization in Lower Cambrian black shales of South China and its geological significance[J]. Economic Geology, 97(5): 1535-1547.

Mayer B, Prietzel J, Krouse H R. 2001. The influence of sulfur deposition rates on sulfate retention patterns and mechanisms in aerated forest soils[J]. Applied Geochemistry, 16(9-10): 1003-1019.

Mazumdar A, Banerjee D M, Schidlowski M, et al. 1999. Rare-earth elements and Stable Isotope Geochemistry of early Cambrian chert-phosphorite assemblages from the Lower Tal Formation of the Krol Belt(Lesser Himalaya, India)[J]. Chemical Geology, 156(1-4): 275-297.

Miyazoe T, Nishiyama T, Uyeta K, et al. 2009. Coexistence of pyroxenes jadeite, omphacite, and diopside/hedenbergite in an albite-omphacite rock from a serpentinite melange in the Kurosegawa Zone of Central Kyushu, Japan[J]. American Mineralogist, 94(1): 34-40.

Moldowan J M, Sundararaman P, Schoell M. 1986. Sensitivity of biomarker properties to depositional environment and/or source input in the Lower Toarcian of SW-Germany[J]. Organic Geochemistry, 10(4-6): 915-926.

Munteanu M, Marincea S, Kasper H U, et al. 2004. Black chert-hosted manganese deposits from the Bistritei Mountains, Eastern Carpathians (Romania): Petrography, genesis and metamorphic evolution[J]. Ore Geology Reviews, 24(1-2): 45-65.

Murowchich J B, Coveney R M, Grauch R I. 1992. Ni-Mo ores of southern China: Biologic, tectonic and sedimentary controls on their origins[C]. International Geological Congress, 29th, Kyoto, 3: 2997.

Murowchick J B, Coveney R M, Grauch R I, et al. 1994. Cyclic variations of sulfur isotopes in Cambrian stratabound Ni-Mo(PGE-Au) ores of southern China[J]. Geochimica et Cosmochimica Acta, 58(7): 1813-1823.

Murray R W. 1994. Chemical criteria to identify the depositional environment of chert: General principles and applications[J]. Sedimentary Geology, 90(3-4): 213-232.

Murray R W, Brink M R B T, Gerlach D C, et al. 1991. Rare earth, major, and trace elements in chert from the Franciscan Complex and Monterey Group, California: Assessing REE sources to fine-grained marine sediments[J]. Geochimica et Cosmochimica Acta, 55(7): 1875-1895.

Norman A L, Giesemann A, Krouse H R, et al. 2002. Sulphur isotope fractionation during sulphur mineralization: Results of an incubation-extraction experiment with a Black Forest soil[J]. Soil Biology and Biochemistry, 34(10): 1425-1438.

Ohmoto H, Rye R O. 1979. Isotope of sulfur and carbon[M]//Barnes H L. Geochemistry of Hydrothermal Ore Deposits. 2nd edn. New York: John Wiley and Sons: 509-567.

Orberger B, Vymazalova A, Wagner C, et al. 2007. Biogenic origin of inter grown Mo-sulphide and carbonaceous matter in Lower Cambrian black shales (Zunyi Formation, southern China)[J]. Chemical Geology, 238(3-4): 213-231.

Ourisson G, Rohmer M, Poralla K. 1987. Prokaryotic hopanoids and other polyterpenoid sterol surrogates[J]. Annual Review of Microbiology, 41(1): 301-333.

Owen A W, Armstrong H A, Floyd J D. 1999. Rare earth element geochemistry of upper Ordovician cherts from the Southern Upland of Scotland[J]. Journal of the Geological Society, 156(1): 191-204.

Pašava J, Kříbek B, Vymazalová A, et al. 2008. Multiple sources of metals of mineralization in Lower Cambrian black shales of South China: Evidence from geochemical and petrographic study[J]. Resource Geology, 58(1): 25-42.

Peter J M, Goodfellow W D. 1996. Mineralogy, bulk and rare earth element geochemistry of massive sulphide-associated hydrothermal sediments of the Brunswick horizon, Bathurst mining camp, New Brunswick[J]. Canadian Journal of Earth Science, 33(2): 252-283.

Peters K E, Walters C C, Moldowan J M. 2005. The Biomarker Guide: Interpreting Molecular Fossils in Petroleum and Ancient Sediments, 2nd ed[M]. UK: Cambridge University Press.

Pettijohn F J. 1975. Sedimentary Rocks[M]. New York: Happer International.

Pivec E J, Srein V, Navratil O. 1990. Hyalophane and Ba-muscovite in a pegmatite-aplite vein from Krhanice, central Bohemia, Czechoslovakia[J]. Acta Universitatis Carolinae-Geologica, 2: 131-140.

Poole F G. 1988. Stratiform barite in Paleozoic rocks of the western United States[A]//Zachrisson E. Proceedings of the Seventh Quadrennial IAGOD Symposium. Stuttgart: E. Schweizerbar'sche Verlagsbuchhandlung: 309-319.

Poole F G, Emsbo P. 2000. Physical, Chemical, and Isotopic Characteristics of Stratiform Barite Deposits in Marine Rocks of Western North America[M]. Geological Society of America Abstracts with Programs, 32(7): A-501.

Rangin C, Steinberg M, Bonnot-Courtois C. 1981. Geochemistry of the Mesozoic bedded cherts of Central Baja California (Vizcano-Cedros-San Benito): Implications for paleogeographic reconstruction of an old oceanic basin[J]. Earth and Planetary Science Letters, 54(2): 313-322.

Rao A T. 1976. Study of the apatite-magnetite veins near Kasipatnam, Visakhapatnam district, Andhra Pradesh, India[J]. Tschermaks Mineralogische Und Petrographische Mitteilungen, 23(2): 87-103.

Rona P A, Scott S D. 1993. A special issue on sea-floor hydrothermal mineralization: New perspectives, preface[J]. Economic Geology, 88(8): 1935-1976.

Ruhlin D E, Owen R M. 1986. The rare earth element geochemistry of hydrothermal sediments from the East Pacific Rise: Examination of a seawater scavenging mechanism[J]. Geochimica et Cosmochimica Acta, 50(3): 393-400.

Sholkovitz E R, Schneider D L. 1991. Cerium redox cycles and rare earth elements in the Sargasso Sea[J]. Geochimica et Cosmochimica Acta, 55(10): 2737-2743.

Schlanger S O, Jenkyns H C. 1976. Cretaceous oceanic anoxic events: Cause and consequences[J]. Geologie en Mijnbouw, 55(3-4): 179-184.

Strom K M. 1939. Land-locked waters and the deposition of black muds[M]// Trask P D. Recent Marine Sediments. Landon: Thomas Murby: 365-375.

Steiner M, Wallis E, Erdtmann B D, et al. 2001. Submarine-hydrothermal exhalative ore layers in black shales from South China and associated fossils—Insights into a Lower Cambrian facies and bio-evolution[J]. Palaeogeography, Palaeoclimatology, Palaeoecology, 169(3-4): 165-191.

Taylor B E. 2004. Biogenic and thermogenic sulfate reduction in the Sullivan Pb-Zn-Ag deposit, British Columbia (Canada): Evidence from micro-isotopic analysis of carbonate and sulfide in bedded ores[J]. Chemical Geology, 204(3-4): 215-236.

Taylor S R, McLennan S M. 1985. The Continental Crust: Its Composition and Evolution[M]. Oxford: Blackwell Scientific Publication: 1-312.

Tissot B P, Welta D H. 1984. Petroleum Formation and Occurrence[M]. Berlin Herdelberg-New York: Spring: 131-160.

Tossell J A. 2005. Calculating the partitioning of the isotopes of Mo between oxidic and sulfidic species in aqueous solution[J]. Geochimica et Cosmochimica Acta, 69(12): 2981-2993.

Tyson R V. 1987. The genesis and palynofacies characteristics of marine petroleum source rocks[J]. Geological Society, London, Special Publications, 26(1): 47-67.

Vine J D, Tourtelot E B. 1969. Geochemical investigation of some black shales and associated rocks[R]. USGS Bulletin: 1314-A.

Volkman J K, Maxwell J R. 1986. Acyclic isoprenoids as biological markers[A]//Johns R B. Biological Markers in the Sedimentary Record. New York: Elsevier: 1-42.

Vorlicek T P, Kahn M D, Kasuya Y, et al. 2004. Capture of molybdenum in pyrite-forming sediments: Role of ligand-induced reduction by polysulfides[J]. Geochimica et Cosmochimica Acta, 68(3): 547-556.

Wang Z, Li G. 1991. Barite and witherite deposits in Lower Cambrian shales of South China-Stratigraphic distribution and geochemical characterization[J]. Economic Geology, 86(2): 354-363.

Wen H J, Carignan J. 2011. Selenium isotopes trace the source and redox processes in the black shale-hosted Se-rich deposits in China[J]. Geochimica et Cosmochimica Acta, 75(6): 1411-1427.

Wen H J, Carignan J, Zhang Y X, et al. 2011. Molybdenum isotopic records across the Precambrian-Cambrian boundary[J]. Geology, 39(8): 775-783.

Wen H J, Zhang Y X, Fan H F, et al. 2009. Mo isotopes in the Lower Cambrian formation of southern China and its implications on paleo-ocean environment[J]. Chinese Science Bulletin, 54(24): 4756-4762.

Werne J P, Sageman B B, Lyons T W, et al. 2002. An integrated assessment of a "type euxinic" deposit: Evidence for multiple controls on black shale deposition in the Middle Devonian Oatka Creek Formation[J]. American Journal of Science, 302(2): 110-143.

Wignall P B, Twitchett R J. 1996. Oceanic anoxia and the end Permian mass extinction[J]. Science, 272(5265): 1155-1158.

Wilde P, Quinby-Hunt M S, Berry W B N, et al. 1989. Palaeo-oceanography and biogeography in the Tremadoc (Ordovician) Iapetus Ocean and the origin of the chemostratigraphy of *Dictyonema flabelliforme* black shales[J]. Geological Magazine, 126(1): 19-27.

Wille M, Nägler T F, Lehmann B, et al. 2008. Hydrogen sulphide release to surface waters at the Precambrian/Cambrian boundary[J]. Nature, 453(7196): 767-769.

Wright J, Schrader H, Hosler W T. 1987. Paleoredox variations in ancient oceans recorded by rare earth elements in fossil apatite[J]. Geochimica et Cosmochimica Acta, 51(3): 631-644.

Xu L G, Lehmann B, Mao J W, et al. 2011. Re-Os age of polymetallic Ni-Mo-PGE-Au mineralization in Early Cambrian black shales of South China—A reassessment[J]. Economic Geology, 106(3): 511-522.

Xu L G, Lehmann B, Mao J W. 2013. Seawater contribution to polymetallic Ni–Mo–PGE–Au mineralization in Early Cambrian black shales of South China: Evidence from Mo isotope, PGE, trace element, and REE geochemistry[J]. Ore Geology Reviews, 52: 66-84.

Yang R D, Wei H R, Bao M, et al. 2008. Discovery of hydrothermal venting community at the base of Cambrian barite in Guizhou Province, Western China: Implication for the Cambrian biological explosion[J]. Progress in Natural Science, 18(1): 65-70.

Zak L. 1991. Hyalophane-zoisite veins from the pyrite-rhodochrosite deposits near Litosice in eastern Bohemia (Czechoslovakia)[J]. Casopis. Mineral. Geol. , 36: 67-75.

Zhang M, Suddaby P, Thompson R N, et al. 1993. The origins of contrasting zoning patterns in hyalophane from olivine leucitites, Northeast China[J]. Mineralogical Magazine, 57(389): 565-573.

Zhou C M, Jiang S Y. 2009. Palaeoceanographic redox environments for the lower Cambrian Hetang Formation in South China: Evidence from pyrite framboids, redox sensitive trace elements, and sponge biota occurrence[J]. Palaeogeography, Palaeoclimatology, Palaeoecology, 271(3-4): 279-286.